Benjamin Hubert
Julien Lecointre

**Modélisation d'assiette de véhicule pour personne à mobilité réduite**

Benjamin Hubert
Julien Lecointre

# Modélisation d'assiette de véhicule pour personne à mobilité réduite

Éditions universitaires européennes

**Impressum / Mentions légales**

Bibliografische Information der Deutschen Nationalbibliothek: Die Deutsche Nationalbibliothek verzeichnet diese Publikation in der Deutschen Nationalbibliografie; detaillierte bibliografische Daten sind im Internet über http://dnb.d-nb.de abrufbar.

Alle in diesem Buch genannten Marken und Produktnamen unterliegen warenzeichen-, marken- oder patentrechtlichem Schutz bzw. sind Warenzeichen oder eingetragene Warenzeichen der jeweiligen Inhaber. Die Wiedergabe von Marken, Produktnamen, Gebrauchsnamen, Handelsnamen, Warenbezeichnungen u.s.w. in diesem Werk berechtigt auch ohne besondere Kennzeichnung nicht zu der Annahme, dass solche Namen im Sinne der Warenzeichen- und Markenschutzgesetzgebung als frei zu betrachten wären und daher von jedermann benutzt werden dürften.

Information bibliographique publiée par la Deutsche Nationalbibliothek: La Deutsche Nationalbibliothek inscrit cette publication à la Deutsche Nationalbibliografie; des données bibliographiques détaillées sont disponibles sur internet à l'adresse http://dnb.d-nb.de.

Toutes marques et noms de produits mentionnés dans ce livre demeurent sous la protection des marques, des marques déposées et des brevets, et sont des marques ou des marques déposées de leurs détenteurs respectifs. L'utilisation des marques, noms de produits, noms communs, noms commerciaux, descriptions de produits, etc, même sans qu'ils soient mentionnés de façon particulière dans ce livre ne signifie en aucune façon que ces noms peuvent être utilisés sans restriction à l'égard de la législation pour la protection des marques et des marques déposées et pourraient donc être utilisés par quiconque.

Coverbild / Photo de couverture: www.ingimage.com

Verlag / Editeur:
Éditions universitaires européennes
ist ein Imprint der / est une marque déposée de
OmniScriptum GmbH & Co. KG
Heinrich-Böcking-Str. 6-8, 66121 Saarbrücken, Deutschland / Allemagne
Email: info@editions-ue.com

Herstellung: siehe letzte Seite /
Impression: voir la dernière page
**ISBN: 978-3-8416-7012-0**

# 1. Avant-propos

Je voudrais tout d'abord remercier Monsieur Henri Petit et l'asbl "Les Papillons de Saint-Jacques" sans qui ce projet n'aurait jamais vu le jour.

Je remercie également Monsieur André Habaru et Monsieur Michel Bernard de leur soutien et leur aide lors de la réalisation de mon travail.

Je tiens aussi à remercier mon tuteur entreprise, Monsieur Jérôme Flamion, et mon tuteur institut, Monsieur Julien Lecointre, pour leur aide et leur disponibilité.

Je remercie les membres du personnel de CMI EMI pour leur accueil chaleureux et leur bonne humeur.

Enfin, je voudrais remercier ma famille, mes amis et tous ceux qui m'ont aidés, de près ou de loin, à la réalisation de ce travail.

## 2. Sommaire

# 3. INTRODUCTION

Le pèlerinage de Saint-Jacques de Compostelle est l'un des plus connus et des plus vieux d'Europe. Que ce soit pour la démarche spirituelle, sportive, ou tout simplement pour admirer des paysages grandioses, plus de 200.000 pèlerins sillonnent ces chemins chaque année.

Malheureusement, ces chemins ne sont pas facilement praticables pour les personnes à mobilité réduite. Les quelques véhicules existant actuellement pour ces dernières ne sont pas adaptés, trop encombrants ou nécessitent plusieurs accompagnants. Enfin, ils procurent une telle sensation de déséquilibre que beaucoup renoncent.

C'est dans ce contexte que l'ASBL "Les Papillons de St-Jacques" (Papidjac), qui s'occupe de l'organisation du pèlerinage pour les personnes à mobilité réduite, a imaginé et commandé le projet Randochar : un véhicule tout-terrain destiné au transport des personnes à mobilité réduite. La particularité de ce véhicule est de comporter un plateau restant à l'horizontale sur lequel la personne s'installe dans sa propre chaise roulante.

Mon travail sur ce projet, au sein de l'entreprise CMI-EMI à Aubange (Belgique), consistait en l'étude du système de maintien du plateau à l'horizontale.

La première étape fût de procéder à une analyse fonctionnelle reprenant les différents éléments agissant sur le plateau.

Ensuite, il fallu réaliser une modélisation mathématique du véhicule et une étude du terrain afin de caractériser les systèmes de suspension et de stabilisation du plateau. Ces caractérisations ont pu aboutir au choix des systèmes et éléments à utiliser.

Des réunions avec les membres du personnel de l'entreprise ainsi qu'une prise de contact avec plusieurs fabricants et revendeurs ont apporté des avis extérieurs et quelques fois une remise en question des choix effectués.

Les prises de contact ont aussi permis d'aborder l'aspect économique du travail en établissant une première estimation du coût d'un tel véhicule.

Cet ouvrage reprend une présentation du projet ainsi que es différentes étapes étudiées.

## 4. Présentation de l'ASBL "Les Papillons de Saint-Jacques"

www.lespapidjacs.com

La société "Les Papillons de Saint-Jacques" (Les Papidjacs) organise de grandes randonnées pédestres d'une durée de plusieurs jours ou plusieurs semaines, afin de faire vivre à ses clients une expérience forte et inoubliable leur permettant de retrouver une plus grande harmonie entre le corps, le cœur et l'esprit.

Le public visé n'est pas un public d'amateurs mais plutôt des gens pour qui un tel voyage est une expérience à priori impossible, typiquement des Personnes à Mobilité Réduite (PMR) mais également des personnes en quête de ressourcement physique ou mental.

Articulées autour du célèbre chemin de pèlerinage menant de Namur (Belgique) à Saint-Jacques-de-Compostelle (Galice - Espagne) via Vézelay (Bourgogne - France), les grandes randonnées relient des cités au patrimoine culturel très riche via des chemins campagnards et forestiers, offrant une communion intense avec la nature. Le parcours empreinte le chemin balisé GR65.

L'équipe est composée de : Henri Petit (Cadre dans le secteur financier), Michel Hemberg (Créateur et gestionnaire d'entreprises), Bernard Vanguers (Médecin généraliste) et David Dab (Cadre dans le secteur financier).

Les modèles les plus répandus sont présentés en annexe A.

# 5. Présentation du projet Randochar

## 5.1 La fonction du projet

Le projet Randochar consiste au développement d'un véhicule à destination des personnes à mobilité réduite (PMR), capable de franchir une série d'obstacles classiques d'une grande randonnée en chemins campagnards et forestiers. Notez qu'il y aura toujours un accompagnateur à côté du Randochar, ce dernier pourra commander le véhicule ou laisser les commandes à la PMR.

Le Randochar sera pourvu d'une propulsion électrique et sera autonome, il utilisera des matériaux légers et offrira toutes les sécurités (passives et actives) à la PMR.

La modélisation et la simulation seront utilisées pour la fabrication sur le modèle de l'éco-conception.

Pour le confort de la PMR, l'assiette du véhicule restera à l'horizontale via un plateau gyroscopique.

## 5.2 Cahiers des charges et planning initiaux

Les cahiers de charges et planning ci-dessous sont ceux reçu en début de travail. Ils ont dû être modifiés en concertation avec les différentes parties pour tenir compte des réalités techniques. Un chapitre en fin de rapport reprend les différentes modifications.

### Randochar

1. Transporter une PMR en chaise roulante de 120 kg maxi., aidée d'un accompagnateur

2. Le Randochar devra être transportable par une camionnette ou une remorque

3. Accessibilité aisée de la chaise roulante sur le Randochar (rampe d'accès,...)

4. Type de terrain rencontré :
   - ornières de 20 cm de profondeur
   - pente de 15 %
   - dévers de 15 %
   - tout type de terrain (sable, boue, terre, gravillon, asphalte, un gué,..)

Pour le confort de la PMR, son siège restera à l'horizontale en permanence.

5. Garantir la sécurité du passager en toutes circonstances :

- Protection active dans la stabilité
- Protection de fonctionnement (commande, direction,...)
- Système de freinage
- Protections passives (arceaux, ceintures, éclairage,....)
- Système de fixation de la chaise sur le Randochar sécurisé
- Respect des normes en vigueur (CE)
- Protection des circuits électriques contre les intempéries
- Résistance du châssis vis-à-vis des sollicitations (flexion, torsion,....)

6. Performances :

- Vitesse : 5 km/h
- Propulsion écologique (électrique,....)
- Autonomie sur route : > à 6 heures
- Autonomie en tout terrain : > à 3 heures
- Rayon de braquage : environ 2 m
- Centre de gravité du véhicule chargé le plus bas possible (compromis entre garde au sol et centre de gravité)
- Confort de l'usager du Randochar (suspension adaptée, suspension active, pneumatiques, rigidité du châssis, intempéries,....)
- Longueur maxi. : le plus court possible
- Largeur maxi. : 1.20 m
- Poids maxi. : 250 kg

7. Eco-conception : recyclage, durée de vie, peu énergivore, ....

8. Aspects économiques: bilan économique (estimation de prix de vente à 15.000 €)

## 6. Travail

L'objectif final (délivrable) est de réaliser un démonstrateur du châssis du Randochar lors du travail de fin d'études.

Les différentes étapes :

1. Terminer la modélisation 3D (simplifiée) pour confirmer le résultat obtenu lors de l'atelier multidisciplinaire 2011-2012
2. Analyse fonctionnelle (ou amdec conception) du système châssis + plateau gyroscopique + automatisation
3. Concevoir le châssis avec choix des suspensions et type de roue
4. Valider les choix
5. Concevoir la rotule de liaison entre le châssis et le plateau gyroscopique
6. Forme du plateau gyroscopique et choix de la position de fixation des vérins
7. Automatisation du plateau
8. Validation
9. Démonstrateur (châssis, plateau, automatisation)
10. Aspect sécurité durant le projet

## 7. Gantt Chart

Le diagramme de Gantt présenté à la page suivante présente le planning initial du projet. Il a depuis été modifié à deux reprises, les modifications apportées sont expliquées à la fin du rapport.

Comme on peut le voir, le projet est à long terme et s'étale sur plusieurs années (fin estimée à 2014).

# Gantt Chart initial

| | S 1 | S 2 | S 3 | S 4 | S 5 | S 6 | S 7 | S 8 | S 9 | S 10 | S 11 | S 12 | S 13 | S 14 | S 15 | S 16 | 8-12 2012 | 1-6 2013 | 6-12 2013 | 1-3 2014 |
|---|---|---|---|---|---|---|---|---|---|---|---|---|---|---|---|---|---|---|---|---|
| Réunions CMI-Pierrard | x | | | x | | | | x | | | | x | | | x | | | | | |
| Modélisation 3 D | | x | | | | | | | | | | | | | | | | | | |
| Analyse fonctionnelle (amdec conception) | | | x | | | | | | | | | | | | | | | | | |
| Châssis | | | x | x | x | x | | | | | | | | | | | | | | |
| Validation | | | | | | x | | | | | | | | | | | | | | |
| Rotule et plateau, gyroscope | | | | x | x | x | x | x | | | | | | | | | | | | |
| Automatisation | | | | | | x | x | x | x | x | x | x | | | | | | x | x | |
| Validation | | | | | | | | | | | x | | | | | | | | | |
| Démonstrateur | | | | | | | | x | x | | x | x | x | x | | | | | | |
| Rédaction TFE | | | | | | x | | | x | | x | x | x | x | x | x | | x | | |
| Sécurité, choix des matériaux | | | | x | | | | x | x | | | | x | | | x | | | | |
| Validation et First entreprise | | | | | | | | | | | | | | | | x | x | | | |
| Motorisation et énergie | | | | | | | | | | | | | | | | | x | | | |
| Choix capteur, commande à distance | | | | | | | | | | | | | | | | | x | | | |
| Plans | | | | | | | | | | | | | | | | | | x | x | |
| Etude économique | | | | | | x | | | | x | | | | | | x | | x | | x |
| Validation | | | | | | | | | | | | | | | | | | x | | |
| Industrialisation | | | | | | | | | | | | | | | | | | x | x | x |
| Prototype | | | | | | | | | | | | | | | | | | | | x |

- 12 -

# 8. Travail réalisé en amont

## 8.1 ULg - UCL

Le projet a tout d'abord été proposé aux ingénieurs civils des universités de Liège (ULg) et de Louvain-la-Neuve (UCL), mais sans résultats exploitables directement à ce jour, à notre connaissance.

## 8.2 Etude de faisabilité (2010)

Lorsque le projet est arrivé à Pierrard, une équipe de quatre étudiants s'est vue confier l'analyse de faisabilité du projet dans le cadre du cours d'ateliers multidisciplinaire.

Il est ressorti de cette analyse que le projet semble réalisable à condition que l'on y consacre le temps et les moyens nécessaires, c'est-à-dire décomposer le projet en différentes étapes qui s'étaleront sur plusieurs années.

Plusieurs choix concrets ont été faits durant cette analyse :
- La forme du châssis ;
- Les quatre roues seront motrices, chacune disposant de son propre moteur électrique ;
  (voir annexe
- Les quatre roues seront fixes (pas de roues directionnelles), le changement de direction se faisant en faisant tourner les roues d'un côté à une vitesse différente des roues de l'autre côté, à la manière d'un véhicule à chenilles ;
- Le plateau gyroscopique reposera sur une rotule et sera maintenu à l'horizontale grâce à deux vérins disposés à 90° et pilotés par un automate.

## 8.3 Ateliers multidisciplinaires (2011)

Durant le premier quadrimestre de cette année académique, notre projet d'atelier multidisciplinaire a été de commencer la modélisation du Randochar et d'établir les équations 2D qui régissent ses mouvements, en se basant sur les choix faits lors de l'étude de faisabilité.

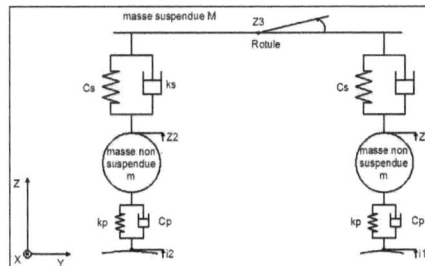

Figure 8.1 : schéma 2D du véhicule

Nous avons d'abord étudié le modèle d'un quart de véhicule (une seule roue, sa suspension : un quart de la masse du véhicule) qui nous a donné le déplacement vertical de la roue et la masse pour un profil de route donné.

Le modèle n'étant pas assez complet, nous avons dû passer au modèle d'un demi-véhicule (coupe du véhicule dans le sens de la longueur, comprenant deux roues avec système de suspension et la moitié de la masse du véhicule). Grâce à ce modèle, nous avons trouvé les équations des mouvements et avons pu les entrer dans le logiciel Simulink (MatLab) pour pouvoir étudier les mouvements du véhicule : déplacement des centres des roues, du centre de gravité et angle d'inclinaison du châssis.

Ces valeurs nous ont donné une première approximation des mouvements, vitesses et accélération des différentes parties du véhicule dans le plan longitudinal.

## 9. Chronologie du projet

Le projet Randochar est un projet à long terme. Il est donc nécessaire de décomposer ce travail en différentes étapes de plus petites périodes afin qu'elles puissent être réalisées par des étudiants lors des ateliers multidisciplinaires ou lors de travaux de fin d'études.

Le schéma de la page suivante reprend les différentes étapes du projet :

Les Papillons de Saint-Jacques ont proposés un projet à l'école : **Définition du projet**.

Une **Etude de faisabilité** est d'abord faite lors d'un premier atelier multidisciplinaire.

Une fois le projet considéré comme faisable, l'étude du projet peut commencer :

La première étape est la **Modélisation mathématique** du véhicule, qui consiste à chercher les équations des mouvements de celui-ci et les traiter à l'aide d'un programme informatique. Cette étape fut commencée lors d'un atelier multidisciplinaire, puis poursuivie lors de mon travail.

Grâce aux résultats des équations, il est possible de passer aux étapes suivantes qui peuvent se faire en parallèle :

- **Stabilisation du plateau** : rechercher, choisir et dimensionner le système de stabilisation du plateau ainsi que les éléments qui le composeront ;
- **Energie** : choix des batteries et leur dimensionnement ;
- **Suspension** : calcul et choix du système de suspension et des roues utilisées ;
- **Propulsion** : choix et dimensionnement des moteurs du véhicule.

Un fois ces quatre étapes réalisées, on peut passer aux suivantes, qui se font elles aussi en parallèle :

- **Automatisation** : choix et programmation du système d'automatisation du véhicule ;
- **Châssis** : cette étape reprend le choix et l'étude des matériaux utilisés ainsi que le design du véhicule ;
- **Commande** : conception de la commande du véhicule.

Ces sept étapes se font en parallèle de l'**Analyse fonctionnelle** et de la **Sécurité**, deux étapes à adapter tout au long de l'étude.

Toutes ces étapes mènent à la fabrication d'un **Prototype**, puis à l'**Industrialisation** du véhicule.

## 9.1 Emplacement du travail dans le projet

Mon travail consiste à étudier le plateau devant rester à l'horizontale :

Ce travail englobe surtout deux étapes du projet : la **modélisation mathématique** et la **stabilité du plateau**.

Afin de mener à bien ces étapes, une étude du système de **suspension** est nécessaire.

La consommation **énergétique** a aussi été étudiée, ainsi qu'une **analyse fonctionnelle** du véhicule.

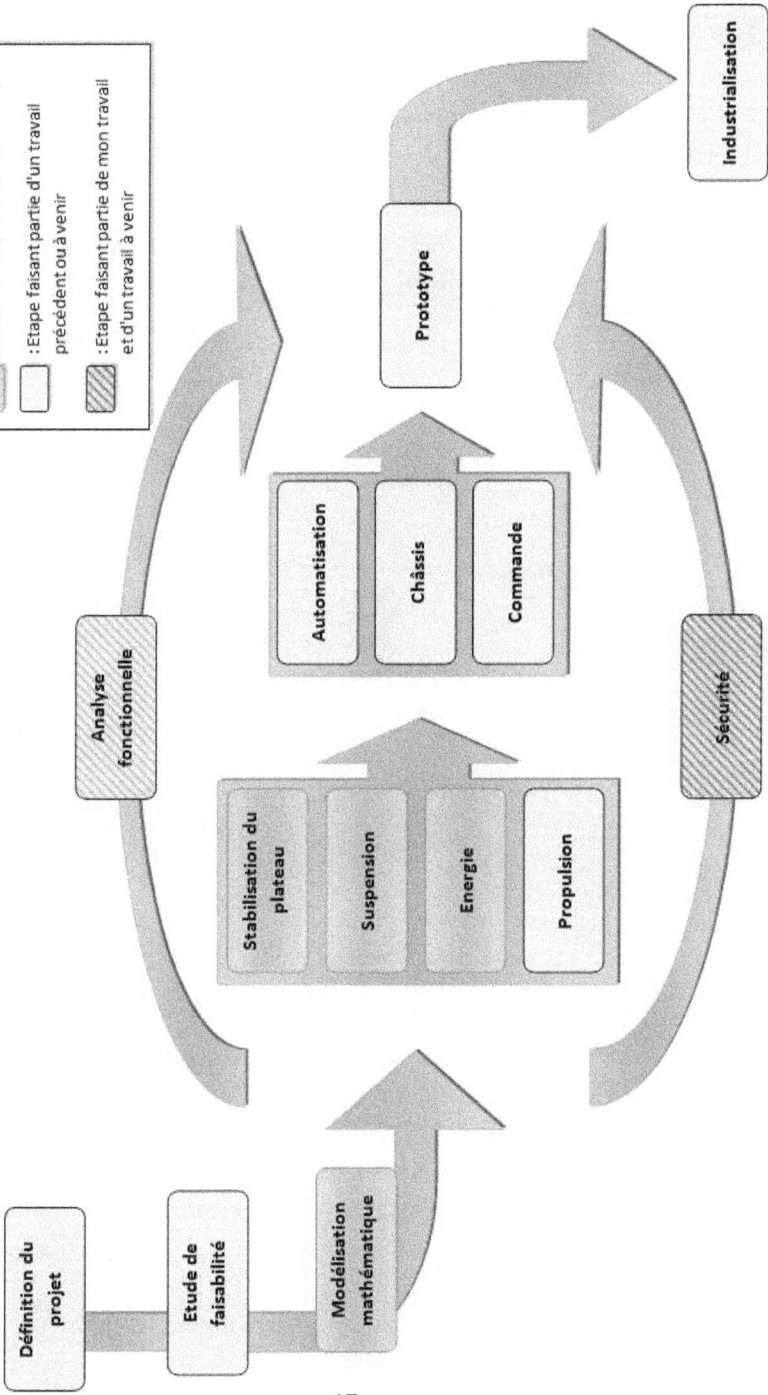

# 10.  ANALYSE FONCTIONNELLE ET AMDEC

L'analyse fonctionnelle a pour but d'analyser tous les éléments du véhicule et leurs interactions, en ce concentrant sur la partie principale du travail, à savoir le système de stabilisation du plateau.

Lors de réunions avec des membres du personnel de l'entreprise CMI EMI, l'analyse a été discutée et plusieurs idées ont été soumises à des critiques menant la plupart du temps à des modifications, améliorations ou validations.

Cette analyse n'est pas définitive : elle sera complétée et modifiée lors des futures étapes du projet.

## 10.1  Analyse externe

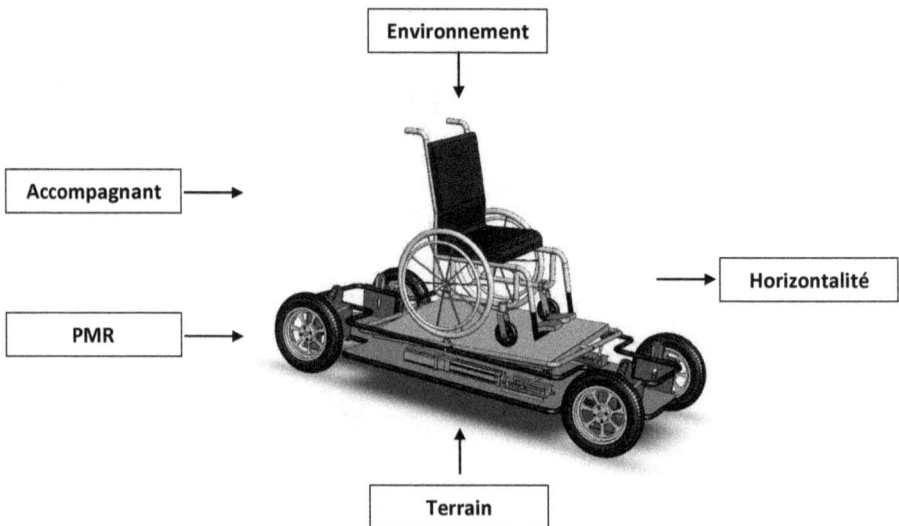

Figure 10.1 : Analyse externe

**Entrées :**

- **Terrain :** le profil du chemin influe directement sur la position verticale des roues
- **Environnement :** l'environnement plus ou moins proche du véhicule
- **Accompagnant :** peut commander le véhicule en direction et en vitesse
- **PMR :** la PMR est dans le véhicule, son centre de gravité peut se déplacer

**Sorties :**

- **Horizontalité :** le plateau gyroscopique doit rester le plus horizontal possible

## 10.2   Analyse interne

Le Randochar a été divisé en quatre parties différentes :

### Le système de direction
reprend le terrain et les roues

Figure 10.2 : Système de direction

### Le système de suspension
reprend les suspensions et le châssis

Figure 10.3 : Système de suspension

### Le système "plateau-chaise-personne"
reprend la rotule, les vérins, le plateau et la PMR dans sa chaise

Figure 10.4 : Système "plateau-chaise-personne"

### La dernière partie
reprend l'automate, le gyroscope, l'énergie, la sécurité et l'analyse économique

## Système de direction

Figure 10.5 : Système d direction

**Le système de direction** est basé sur le même principe que les véhicules à chenilles ou les bobcat : les deux roues du côté où on veut tourner vont vers l'arrière, et les deux autres vont vers l'avant

### Terrain

**Type de terrain rencontré (cahier des charges) :**

- ornières de 20 cm de profondeur
- pente de 15 %
- dévers de 15 %
- tout type de terrain (sable, boue, terre, gravillon, asphalte, gué,...)

**Profil de la route : entrée du système modélisé**

Profil "marche" : les deux roues avant montent en même temps, suivies des deux roues arrière

Angle thêta maximum, angle gamma nul

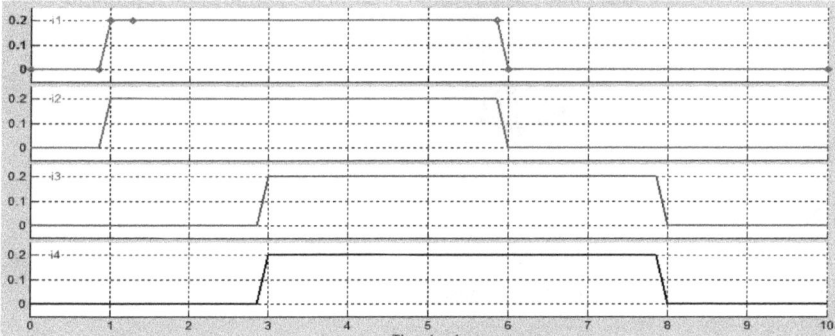

Figure 10.6 : Profil "marche"

Profil "bosse" : les deux roues de droite montent une bosse, tandis que les deux roues de gauche descendent

Angle gamma maximum, angle thêta nul

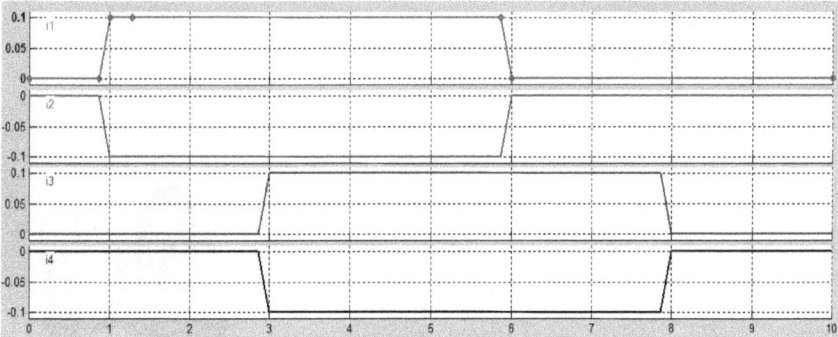

Figure 10.7 : Profil "bosse"

*Roues – pneu - moteur*

Figure 10.8 : Propulsion

**Fonctions :**

- supporter une partie de la masse du véhicule
- roues avant : 2/5 de la masse suspendue
- roues arrière : 3/5 de la masse suspendue
- faire avancer, freiner et tourner le véhicule sur tous les types de terrains
- compenser les petites imperfections de la route

**Contraintes :**

- ornières de 20 cm de profondeur ==> diamètre d'au moins 60 cm
- résistance à la flexion due au système de direction
- tout type de terrain

**Points à approfondir**

- dans quel cas risque-t-on de déjanter ?
- comment réparer en cas de crevaison ?
- dessins sur les pneus

## Système de suspension

La suspension doit pouvoir absorber les irrégularités du terrain pour soulager le maintien d'assiette constante.

Suspension réglable en détente, rebond et précontrainte pour adapter le véhicule au poids de la PMR et de sa chaise.

Le système de parallélogramme déformable a été retenu pour sa simplicité et sa souplesse.

Figure 10.9 : Suspension

Points à approfondir

- ce système est-il le plus approprié ?

*Suspensions : ressort + amortisseur*

Figure 10.10 : Amortisseur

**Fonctions :**
- supporter une partie de la masse du véhicule
- roues avant : 2/5 de la masse suspendue
- roues arrière : 3/5 de la masse suspendue
- compenser les grosses imperfections de la route
- éviter la flexion du châssis
- contact permanent avec le terrain

**Fonction supplémentaire :**
- Suspension réglable, possibilité d'avoir un comportement plus sportif

*Châssis*

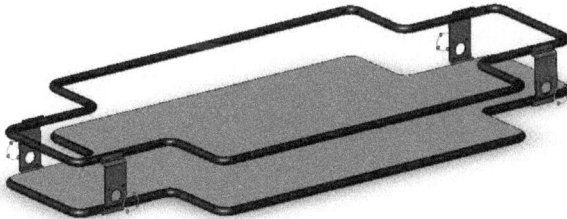

Figure 10.11 : Châssis

**Fonctions :**
- fixer les suspensions
- supporter la rotule (plateau + personne dans sa chaise)
- supporter les vérins

**Contraintes :**
- rigidité et stabilité
- légèreté

**Fonction supplémentaire :**
- pare-chocs
- coffre de rangement
- kit de secours
- anneau de tractage

## Système plateau-vérins-personne

Le plateau repose sur une rotule et 2 vérins.

La rotule reprend la majorité des efforts verticaux du plateau, et les vérins permettent le maintien du plateau à l'horizontale.

Deux gyroscopes placés dans le plateau permettent de connaître l'inclinaison de celui-ci en temps réel

### Rotule

**Fonctions :**
- transmettre les mouvements du châssis au plateau
- efforts verticaux
- efforts axiaux

**Contraintes :**
- ne pas tourner
- permettre une inclinaison suffisante

La rotule, choisie initialement ne semble pas être le meilleur choix pour ce type d'application. Un cardan est préférable, car il ne permet pas de rotation du plateau. Le choix sera discuté dans un chapitre suivant

*Vérins*

| Commande de l'automate | | Inclinaison du plateau |
|---|---|---|

**Fonctions :**

- Positionner le plateau par rapport au châssis (être capable de mouvoir le plateau)
- Maintenir le plateau dans la position voulue

**Contraintes :**

- Double effet (pousser et tirer le plateau)
- Caractérisé par :
- Une force
- Une course
- Une vitesse
- Une accélération

**Fonctions supplémentaires :**

- Carénage
- Irréversible

*Plateau*

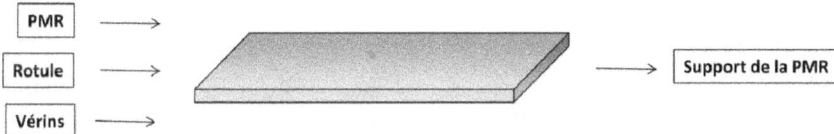

| PMR | → | | → | Support de la PMR |
|---|---|---|---|---|
| Rotule | → | | | |
| Vérins | → | | | |

Figure 10.13 : Plateau

**Fonction :**

- Accueillir la PMR
- Positionner la PMR au dessus de la rotule
- Fixer la PMR

**Contraintes :**
- Dimensions : 1500 x 1000 x 20 mm
- Résistance à la flexion (rigidité)

**Fonctions supplémentaires :**
- Antidérapant

**A approfondir :**
- Structure en nid d'abeille

## Automate et système de commande

### *Gyroscope*

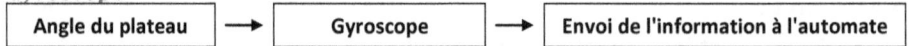

**Fonction :**
- Envoie des informations sur l'angle du plateau à l'automate

**Contraintes :**
- Rapidité
- Précision

### *Automate*

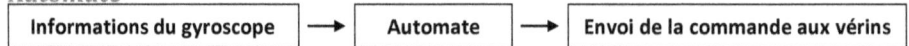

**Fonctions :**
- Reçoit les informations du gyroscope et les interprète
- Envoie des consignes aux vérins

**A approfondir :**
- Y aurait-il une utilité d'enregistrer des données et de pouvoir les récupérer ?
- Par exemple pour établir une carte de l'inclinaison et de la dénivellation du terrain parcouru.

## Énergie

**Fonctions :**

- Procurer l'énergie suffisante au Randochar pour effectuer ses tâches
- Déplacement sur la route et les chemins (moteurs des roues)
- Maintien du plateau à l'horizontale (vérins électriques)
- Phares et signaux lumineux
- Autre ?

**Contraintes :**

- 6h d'autonomie en terrain plat, 3h en tout-terrain
- Ecologique (Batteries électriques)
- Poids faible

**Remarque :**

Au vu de la demande en énergie du véhicule, des attentes au niveau autonomie et des performances des batteries actuelles, il est très probable qu'il faille plus de batteries que prévu par les précédents groupes, et donc que la limite de poids soit dépassée.

## Sécurité

**Fonctions :**

- Protection active dans la stabilité
- Protection de fonctionnement (commande, direction,...)
- Système de freinage
- Protections passives, (arceaux, ceintures, éclairage,....)
- Système de fixation de la chaise sur le Randochar sécurisé
- Respect des normes en vigueur (CE)
- Protection des circuits électriques contre les intempéries
- Résistance du châssis vis-à-vis des sollicitations, (flexion, torsion,....)

# 11. MODÈLE MATHÉMATIQUE 3D

La première étape a été de continuer la conception du modèle mathématique du véhicule et trouver les équations pour un modèle 3D reprenant l'ensemble du véhicule. Ce modèle reprend les quatre roues, avec le système de suspension et le châssis.

Ce modèle a apporté des renseignements supplémentaires concernant les mouvements des roues et du centre de gravité, ainsi que les angles de tangage et de roulis du châssis. Cependant, il ne prenait pas en compte des effets de l'action des vérins permettant au plateau de rester à l'horizontale.

L'ajout de nouvelles équations reprenant l'action des vérins a, comme prévu, rendu le modèle instable. Une étude de stabilité est donc nécessaire.

## 11.1 Équations sans vérins

*Schéma et notations*

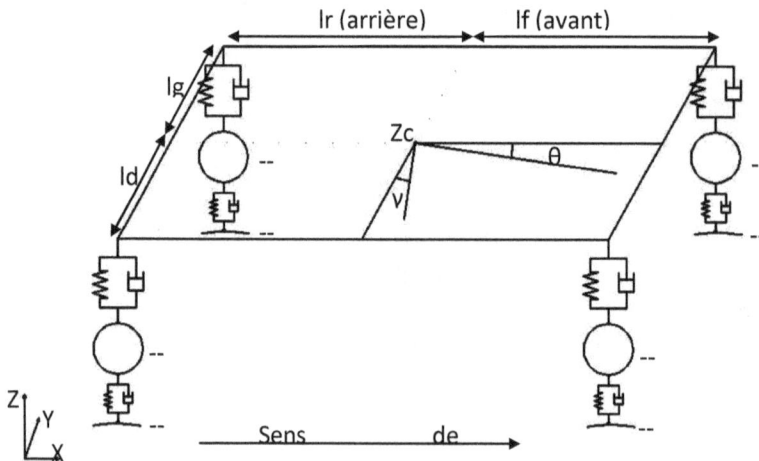

Figure 11.1 : Schéma 3D du véhicule

Tangage : oscillation du véhicule d'avant en arrière (autour de l'axe des Y)

Roulis : oscillation du véhicule de droite à gauche (autour de l'axe des X)

Rebond : oscillation du véhicule de haut en bas (suivant l'axe des Z)

| Variable | Désignation | Valeur | Unité |
|---|---|---|---|
| i1 | Profil de la route vu par la roue 1 | Entrée | m |
| i2 | Profil de la route vu par la roue 2 | Entrée | m |
| i3 | Profil de la route vu par la roue 3 | Entrée | m |
| i4 | Profil de la route vu par la roue 4 | Entrée | m |
| z1 $\dot{z}1$ $\ddot{z}1$ | Position du centre de la roue avant droite<br>Vitesse du centre de la roue avant droite<br>Accélération du centre de la roue avant droite | Sortie | m<br>m/s<br>m/s² |
| z2 $\dot{z}2$ $\ddot{z}2$ | Position du centre de la roue avant gauche<br>Vitesse du centre de la roue avant gauche<br>Accélération du centre de la roue avant gauche | Sortie | m<br>m/s<br>m/s² |
| z3 $\dot{z}3$ $\ddot{z}3$ | Position du centre de la roue arrière droite<br>Vitesse du centre de la roue arrière droite<br>Accélération du centre de la roue arrière droite | Sortie | m<br>m/s<br>m/s² |
| z4 $\dot{z}4$ $\ddot{z}4$ | Position du centre de la roue arrière gauche<br>Vitesse du centre de la roue arrière gauche<br>Accélération du centre de la roue arrière gauche | Sortie | m<br>m/s<br>m/s² |
| Zc $\dot{Z}c$ $\ddot{Z}c$ | Position de la rotule<br>Vitesse verticale de la rotule<br>Accélération verticale de la rotule | Sortie | m<br>m/s<br>m/s² |
| Θ $\dot{\Theta}$ $\ddot{\Theta}$ | Angle d'inclinaison du châssis selon l'axe des X<br>Vitesse angulaire d'inclinaison du châssis selon l'axe des X<br>Accélération angulaire d'inclinaison du châssis selon l'axe X | Sortie | rad<br>rad/s<br>rad/s² |
| γ $\dot{\gamma}$ $\ddot{\gamma}$ | Angle d'inclinaison du châssis selon l'axe des Y<br>Vitesse angulaire d'inclinaison du châssis selon l'axe des Y<br>Accélération angulaire d'inclinaison du châssis selon l'axe des Y | Sortie | rad<br>rad/s<br>rad/s² |
| kp | Constante de raideur des pneus | 500.000 | N/m |
| ks | Constante de raideur de la suspension | 60.000 | N/m |
| Cp | Constante d'amortissement des pneus | 2.000 | N.s/m |
| Cs | Constante d'amortissement de la suspension | 800 | N.s/m |

| $M_{Tot}$ | Masse totale suspendue | 210 | kg |
|-----------|------------------------|-----|-----|
| m | Masse d'une roue (masse non suspendue) | 10 | kg |
| lf | Distance du centre de gravité à l'avant du véhicule | 0,75 | m |
| lr | Distance du centre de gravité à l'arrière du véhicule | 0,75 | m |
| ld | Distance du centre de gravité au côté droit du véhicule | 0,55 | m |
| lg | Distance du centre de gravité au côté gauche du véhicule | 0,55 | m |
| Ircx | Moment d'inertie du châssis autour de l'axe X | 65 | kg.m² |
| Ircz | Moment d'inertie du châssis autour de l'axe Y | 80 | kg.m² |

Tableau 11-1 : Variables du modèle 3D

## Mise en équations

Le système comporte sept degrés de liberté (sept inconnues), il nous faut donc sept équations pour le caractériser :

- La position verticale des centres de roues ($z_1$, $z_2$, $z_3$ et $z_4$)
- la position verticale du centre des masses (Zc)
- les angles de tangage et de roulis (thêta et gamma)

Les mouvements des centres des roues ainsi que du centre des masses sont des translations verticales. Les équations sont trouvées en appliquant les lois de Newton $\sum \vec{F} = m.\vec{a}$ et de Hooke $F = k \times (l - l_0)$ en ces points.

Les mouvements des angles sont des rotations autour du centre des masses dans les plans verticaux X-Z et X-Y. Les équations sont trouvées en appliquant le principe fondamental de la dynamique en rotation $\sum \vec{M} = I.\ddot{\vec{\theta}}$ aux angles thêta et gamma.

Pour plus de lisibilité, les équations sont séparées en deux :

- Les équations de la suspension, qui ne tiennent compte que de la constante de raideur des pneus et amortisseurs
- Les équations d'amortissement, qui ne tiennent compte que de la constante d'amortissement

## Equations de la suspension

Centre de la roue 1 : $m.\ddot{z1} = -kp.(z1 - i1) + ks.(Zc + lf.\theta + ld.\gamma - z1)$

Centre de la roue 2 : $m.\ddot{z2} = -kp.(z2 - i2) + ks.(Zc + lf.\theta - lg.\gamma - z2)$

Centre de la roue 3 : $m.\ddot{z3} = -kp.(z3 - i3) + ks.(Zc - lr.\theta + ld.\gamma - z3)$

Centre de la roue 4 : $m.\ddot{z4} = -kp.(z4 - i4) + ks.(Zc - lr.\theta - lg.\gamma - z4)$

Centre des masses : $M.\ddot{Zc} = -ks.(Zc + lf.\theta + ld.\gamma - z1 + Zc + lf.\theta - lg.\gamma - z2 + Zc - lr.\theta + ld.\gamma - z3 + Zc - lr.\theta - lg.\gamma - z4) = -ks.(4.Zc + 2.lf.\theta + 2.ld.\gamma - 2.lr.\theta - 2.lg.\gamma - z1 - z2 - z3 - z4)$

Tangage : $I_{RC\,y}.\ddot{\theta} = -ks.(lf.(Zc + lf.\theta + ld.\gamma - z1) + lf.(Zc + lf.\theta - lg.\gamma - z2) - lr.Zc - lr.\theta + ld.\gamma - z3 - lr.(Zc - lr.\theta - lg.\gamma - z4)$

Roulis : $I_{RC\,x}.\ddot{\gamma} = -ks.(ld.(Zc + lf.\theta + ld.\gamma - z1) - lg.(Zc + lf.\theta - lg.\gamma - z2 + ld.Zc - lr.\theta + ld.\gamma - z3 - ld.(Zc - lr.\theta - lg.\gamma - z4)$

## Equations de l'amortissement

Centre de la roue 1 : $m.\ddot{z1} = -Cp.(\dot{z1} - \dot{i1}) + Cs.(\dot{Zc} + lf.\dot{\theta} + ld.\dot{\gamma} - \dot{z1})$

Centre de la roue 2 : $m.\ddot{z2} = -Cp.(\dot{z2} - \dot{i2}) + Cs.(\dot{Zc} + lf.\dot{\theta} - lg.\dot{\gamma} - \dot{z2})$

Centre de la roue 3 : $m.\ddot{z3} = -Cp.(\dot{z3} - \dot{i3}) + Cs.(\dot{Zc} - lr.\dot{\theta} + ld.\dot{\gamma} - \dot{z3})$

Centre de la roue 4 : $m.\ddot{z4} = -Cp.(\dot{z4} - \dot{i4}) + Cs.(\dot{Zc} - lr.\dot{\theta} - lg.\dot{\gamma} - \dot{z4})$

Centre des masses : $M.\ddot{Zc} = -Cs.(\dot{Zc} + lf.\dot{\theta} + ld.\dot{\gamma} - \dot{z1} + \dot{Zc} + lf.\dot{\theta} - lg.\dot{\gamma} - \dot{z2} + \dot{Zc} - lr.\dot{\theta} + ld.\dot{\gamma} - \dot{z3} + \dot{Zc} - lr.\dot{\theta} - lg.\dot{\gamma} - \dot{z4}) = -Cs.(4.\dot{Zc} + 2.lf.\dot{\theta} + 2.ld.\dot{\gamma} - 2.lg.\dot{\gamma} - 2.lr.\dot{\theta} - \dot{z1} - \dot{z2} - \dot{z3} - \dot{z4})$

*Tangage* : $\mathrm{I}_{RC\,y}.\ddot{\theta} = -\mathrm{Cs}.\,(\mathrm{lf}.\left(\dot{Z}c + lf.\dot{\theta} + ld.\dot{\gamma} - \dot{z1}\right) + \mathrm{lf}.\left(\dot{Z}c + lf.\dot{\theta} - lg.\dot{\gamma} - z2 - \mathrm{lr}.Zc - lr.\theta + ld.\gamma - z3 - \mathrm{lr}.\,Zc - lr.\theta - lg.\gamma - z4\right)$

*Roulis* : $\mathrm{I}_{RC\,x}.\ddot{\gamma} = -\mathrm{Cs}.\,(\mathrm{ld}.\left(\dot{Z}c + lf.\dot{\theta} + ld.\dot{\gamma} - \dot{z1}\right) - \mathrm{lg}.\left(\dot{Z}c + lf.\dot{\theta} - lg.\dot{\gamma} - z2 + \mathrm{ld}.Zc - lr.\theta + ld.\gamma - z3 - \mathrm{lg}.\,Zc - lr.\theta - lg.\gamma - z4\right)$

## Programmation dans MatLab

Les équations étant trouvées, il faut maintenant les entrer dans le programme.

Le programme utilisé est Simulink, qui est intégré au programme MatLab :

MatLab est un environnement de programmation pour le développement d'algorithmes, l'analyse des données, la visualisation et le calcul numérique.

Simulink est un environnement pour la simulation multi-domaines et orienté objet pour les systèmes dynamiques et embarqués.

Simulink est intégré avec MATLAB, offrant un accès à une vaste gamme d'outils qui permettent de développer des algorithmes, d'analyser et visualiser des simulations, de traiter les signaux...

## Validation du programme

Le modèle 2D étant validé, il a pu servir de base pour valider le modèle 3D : en mettant le véhicule dans des situations où les côtés droit et gauche réagissent symétriquement, nous devons retrouver les mêmes résultats que dans le modèle 2D.

Le programme a été testé dans deux situations extrêmes à pleine vitesse :
- La prise d'une marche de face ;
- La prise d'une bosse à droite et d'un trou à gauche.

## Marche prise de face

La montée d'une marche prise de face des conséquences identiques que la montée de la marche dans les modèles 2D : les deux roues avant montent en même temps, suivies des deux roues arrière, le tangage sera maximum et il n'y aura pas de roulis.

*Définition des entrées*

Les entrées du système (i1, i2, i3, i4) représentent une élévation du profil de la route de 20 cm, d'abord pour les deux roues avant, puis pour les deux roues arrière.

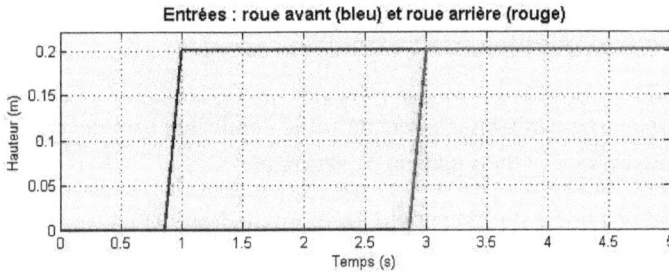

Figure 11.2 : Graphe des entrées : marche de 20 cm

*Résultats*

Les résultats que nous avons sont :
- Le mouvement du centre de gravité Zc
- Les mouvements des roues Z1, Z2, Z3 et Z4
- L'amplitude des angles du châssis thêta et gamma

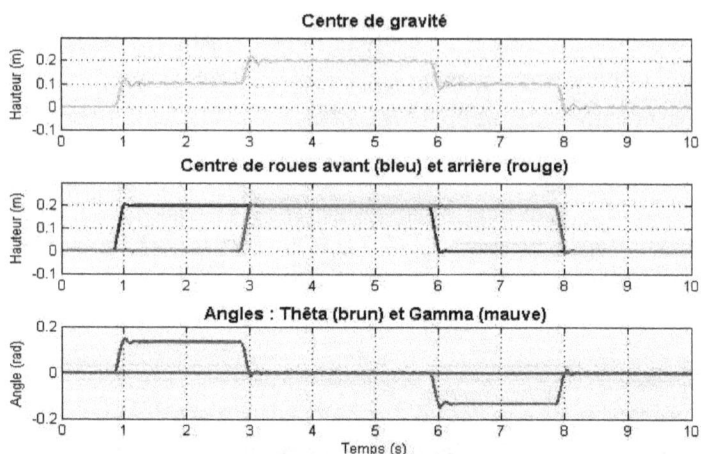

Figure 11.3 : Graphes des résultats : marche de 20 cm

Les graphiques sont sensiblement très proches de ceux du modèle 2D. Les courbes de Z1 et Z2 sont superposées, ainsi que celles de Z3 et Z4, cela est dû au fait que le véhicule abordant la marche de pleine face, les deux roues avant se déplacent pareillement, comme les deux roues arrière.

La valeur maximale de l'angle thêta est de 0,15 rad.

## Bosse à droite et trou à gauche

Une autre situation extrême que pourra rencontrer le Randochar sera de monter sur une bosse d'un côté et tomber dans un trou de l'autre.

Ce profil comprend une bosse de 10 cm pour les roues de droite et un trou de 10 cm pour les roues de gauche. Dans ce cas, le roulis sera maximum et il n'y aura pas de tangage.

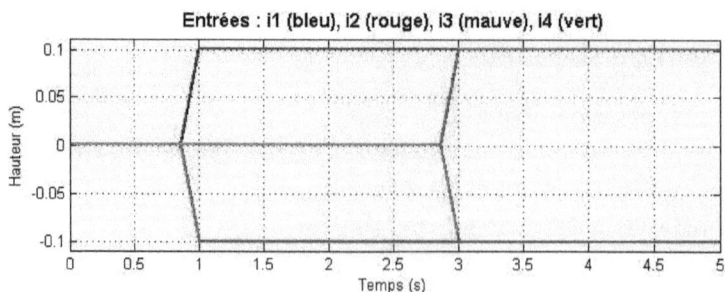

Figure 11.4 : graphe des entrées : bosse et trou de 10 cm

Les résultats que nous avons sont :
- Le mouvement du centre de gravité Zc
- Les mouvements des roues Z1, Z2, Z3 et Z4
- L'amplitude des angles du châssis thêta et gamma

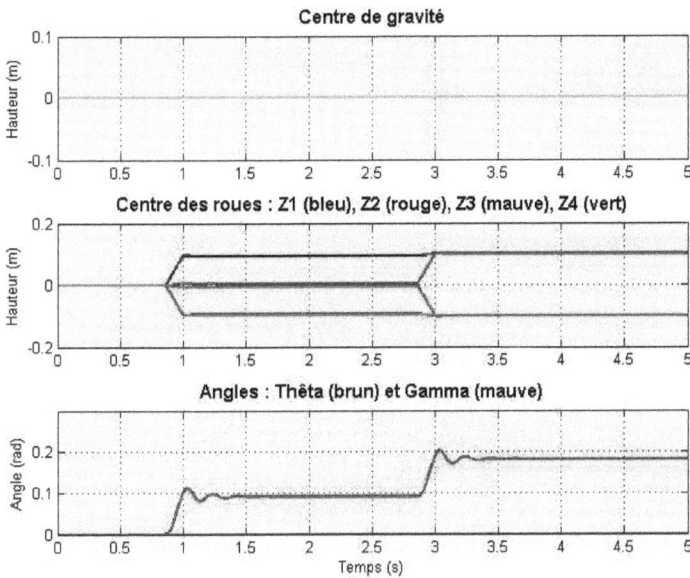

Figure 11.5 : Graphe des résultats : bosse et trou de 10 cm

Les roues de droite et de gauche ayant des mouvements opposés, le centre de gravité reste toujours à la même hauteur. On remarque aussi qu'il n'y a effectivement pas de tangage (l'angle thêta reste nul), mais beaucoup de roulis (angle gamma).

La valeur maximale de l'angle thêta est de 0,20 rad.

## Conclusion

Les résultats du modèle 3D correspondent aux résultats attendus, ce qui nous permet de le valider. Ce modèle nous permettra par la suite d'obtenir des informations sur le comportement des éléments du châssis pour le profil de route voulu.

## 11.2 Équations avec vérins

Le modèle créé précédemment considère le châssis du véhicule, sans tenir compte de l'action des vérins sur celui-ci. Il serait intéressant de voir comment se comporterait le véhicule en y intégrant les vérins et le plateau.

### Schéma

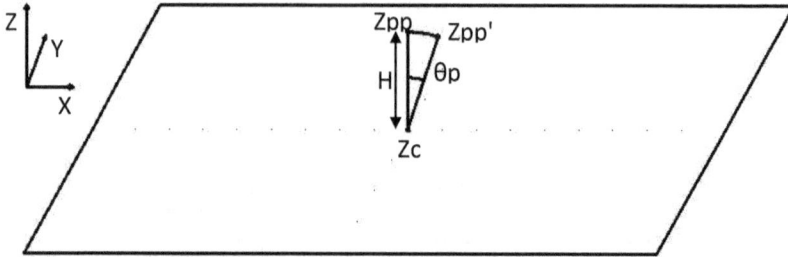

Figure 11.6 : Schéma de la modélisation du plateau

En position normale, le centre de gravité du système "plateau-chaise-PMR" sur situe à une hauteur H au-dessus de la rotule, à la hauteur Zpp. Lorsque le châssis penche d'un angle θ, ce centre de gravité bouge d'un angle θpp. Il se retrouve en position Zpp'. L'action des vérins consiste à relever le plateau d'un angle θ afin de faire repasser le centre de gravité de la position Zpp' à Zpp.

### Variables supplémentaires

| Variable | Désignation | Valeur | Unité |
|---|---|---|---|
| $\Theta_{pp}$ | Angle d'inclinaison du plateau selon l'axe des X | | rad |
| $\dot{\Theta}_{pp}$ | Vitesse angulaire d'inclinaison du plateau selon l'axe des X | Sortie | rad/s |
| $\ddot{\Theta}_{pp}$ | Accélération angulaire d'inclinaison du plateau selon l'axe X | | rad/s² |
| $\gamma_{pp}$ | Angle d'inclinaison du plateau selon l'axe des Y | | rad |
| $\dot{\gamma}_{pp}$ | Vitesse angulaire d'inclinaison du plateau selon l'axe des Y | Sortie | rad/s |
| $\ddot{\gamma}_{pp}$ | Accélération angulaire d'inclinaison du plateau selon l'axe Y | | rad/s² |
| $M_{RC}$ | Masse du châssis | 90 | kg |
| $M_{PP}$ | Masse "plateau + personne" | 120 | kg |
| Ippx | Moment d'inertie du plateau (+personne) autour de l'axe X | 65 | kg.m² |
| Ippy | Moment d'inertie du plateau (+personne) autour de l'axe Y | 80 | kg.m² |
| H | Hauteur du centre des masses "plateau + personne" | 0,8 | m |
| $I_{v\theta}$ | Distance de la rotule au point d'ancrage du vérin θ | Inconnue | m |

- 36 -

| $l_{v\gamma}$ | Distance de la rotule au point d'ancrage du vérin γ | Inconnue | m |
|---|---|---|---|
| $F_{v\theta}$ | Force du vérin θ | Inconnue | N |
| $F_{v\gamma}$ | Force du vérin γ | Inconnue | N |

Tableau 11-2 : Variables supplémentaires

## Équations des vérins

Aux équations de l'inertie, il faut ajouter le couple (négatif) créé par les vérins afin de garder le plateau horizontal :

Soit $F_{v\theta}.l_{v\theta}$ et $F_{v\gamma}.l_{v\gamma}$, les couples créés par les vérins θ et γ, avec :

- $F_{v\theta}$ et $F_{v\gamma}$ : respectivement les forces des vérins θ et γ
- $l_{v\theta}$ et $l_{v\gamma}$ : respectivement la distance des vérins θ et γ à la rotule (en Zc)

En appliquant le théorème d'Huygens (ou théorème des axes parallèles) et le principe de moments d'inertie, on trouve les équations relatives aux vérins :

$$\left( M_{pp}.H^2 + I_{pp\,y} \right).\ddot{\theta} = M_{pp}.g.H.\sin\theta_{pp} - l_{v\theta}.F_{v\theta}$$

$$\left( M_{pp}.H^2 + I_{pp\,x} \right).\ddot{\gamma} = M_{pp}.g.H.\sin\gamma_{pp} - l_{v\gamma}.F_{v\gamma}$$

D'où, en linéarisant :

$$l_{v\theta}.F_{v\theta} = M_{pp}.g.H.\theta_{pp} - \left( M_{pp}.H^2 + I_{pp\,y} \right).\ddot{\theta}$$

$$l_{v\gamma}.F_{v\gamma} = M_{pp}.g.H.\gamma_{pp} - \left( M_{pp}.H^2 + I_{pp\,x} \right).\ddot{\gamma}$$

Que l'on ajoute aux équations des inerties.

## Test du programme

Le programme est de nouveau testé avec les mêmes entrées que précédemment.

*Résultats*

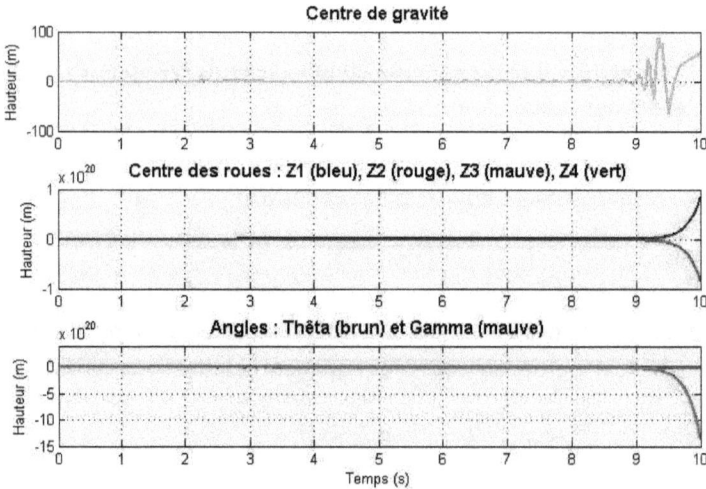

Figure 11.7 : action des vérins dans le modèle

Comme on peut le constater sur ces graphes, les solutions divergent. Le système est donc instable.

## Conclusion

Comme on pouvait s'y attendre, le système est devenu instable en raison d'une perturbation extérieure (ajout des actions des vérins dans les équations). Il faut maintenant réaliser une analyse de stabilité du système et trouver les forces des vérins qui stabilisent le système.

### 11.3    Analyse de stabilité du système

## Représentation d'état

L'étude de stabilité se fait à partir de la représentation d'état obtenue des équations précédentes.

Nous avons 9 équations, ce qui nous donnera 18 variables d'état :
- La position verticale des centres de roues et du centre de gravité ($z1$, $z2$, $z3$, $z4$, $Zc$)
- Les angles de tangage et de roulis du châssis et du plateau gyroscopique ($\theta$, $\gamma$, $\theta_{pp}$, $\gamma_{pp}$)
- Leurs dérivées ($z1'$, $z2'$, $z3'$, $z4'$, $Zc'$, $\theta'$, $\gamma'$, $\theta_{pp}'$, $\gamma_{pp}'$)

6 variables d'entrée :
- le "déplacement" vertical du terrain sous les quatre roues ($i1$, $i2$, $i3$, $i4$)
- les forces des deux vérins ($Fv\theta$ et $Fv\gamma$)

2 variables de sortie : les angles de tangage et de roulis du plateau gyroscopique ($\theta_{pp}$ et $\gamma_{pp}$)

Une représentation d'état associée aux équations pourrait être la suivante :
$$\begin{cases} \dot{x} = Ax + Bu \\ y = Cx + Du \end{cases}$$

Avec :
- $x$ : les variables d'état : $(z1, z2, z3, z4, z1', z2', z3', z4', Zc, Zc', \theta, \theta', \gamma, \gamma', \theta_{pp}, \theta_{pp}', \gamma_{pp}, \gamma_{pp}')^t$
- $u$ : les entrées : $(i1, i2, i3, i4, F_{v\theta}, F_{v\gamma})^t$
- $y$ : les sorties : $(\theta_{pp}, \gamma_{pp})^t$

- $A$ : la matrice d'état de 18 x 18
- $B$ : la matrice de commande de 18 x 6
- $C$ : la matrice d'observation de 2 x 6
- $D$ : la matrice d'action directe de 2 x 18

## Fonction de transfert

A partir de la représentation d'état, il est facile de trouver la fonction de transfert.

La formule pour obtenir la fonction de transfert à partir des matrices de la représentation d'état est : $H(s) = C(sI - A)^{-1}B$

Dans mon cas, calculer manuellement une fonction de transfert avec une matrice 18x18 serait long et fastidieux. Heureusement, MatLab possède des fonctions spécialement prévues à cet effet.

*MatLab*

Une fois les matrices A, B, C et D entrées dans le logiciel, on utilise la fonction "ss" pour les mettre sous la forme d'un système d'état. Ensuite, en appliquant la fonction "tf" à ce système, nous obtenons les fonctions de transfert des entrées aux sorties :

```
%% Fonctions de transfert
syst = ss (A, B, C, D);
tfsyst = tf(syst);
```

Transfer function from input "i1" to output...
- thetapp:   0
- gammapp: 0

Transfer function from input "i2" to output...
- thetapp:   0
- gammapp: 0

Transfer function from input "i3" to output...
- thetapp:   0
- gammapp: 0

Transfer function from input "i4" to output...
- thetapp:   0
- gammapp: 0

Transfer function from input "Fvt" to output...
- thetapp:  $\dfrac{-0.004687}{p^2 - 4.441\text{e-}016\,p - 7.357}$
- gammapp: 0

Transfer function from input "Fvg" to output...
- thetapp:   0
- gammapp: $\dfrac{-0.003846}{p^2 - 8.882\text{e-}016\,p - 9.055}$

## Affichage des pôles

Pour afficher les pôles de la fonction de transfert, on utilise la fonction "rlocus" (la fonction n'accepte qu'une seule entée et une seule sortie).

On appelle cette fonction pour obtenir les pôles et zéros des fonctions de transfert de $F_{v\theta}$ vers $\theta_{pp}$ et $F_{vy}$ vers $\gamma_{pp}$

```
% graphes des pôles des fonctions de transfert de thêta et gamma
figure;
rlocus(tfsyst(1,5), 'b');
figure;
rlocus(tfsyst(2,6), 'r');
```

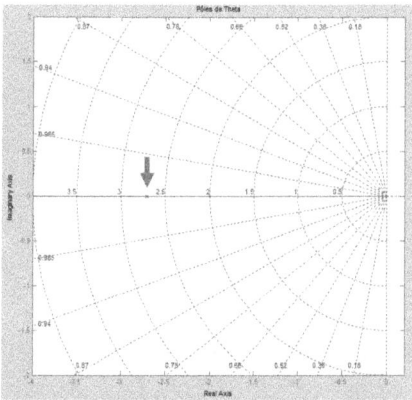

Figure 11.8 : Le pôle de thêta est en -2,7125

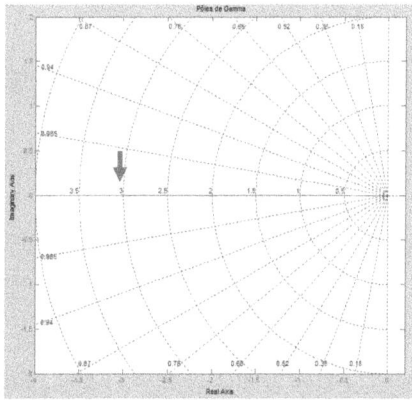

Figure 11.9 : Le pôle de gamma est en -3,0092

Les pôles apparaissent dans la partie réelle négative, très loin de l'axe imaginaire, ce qui signifie bien que le système est instable.

En affichant les réponses indicielles des fonctions de transfert des angles thêta et gamma, il apparait clairement que le système est instable :

```
% Réponses indicielles :
step(tethapp)
step(gammapp)
```

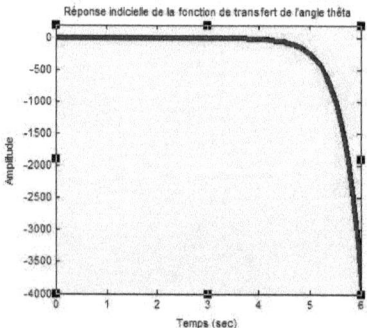

Figure 11.10 : Réponse indicielle de la fonction de transfert de l'angle thêta

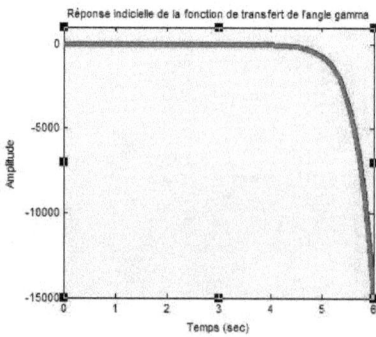

Figure 11.11 : Réponse indicielle de la fonction de transfert de l'angle gamma

Pour stabiliser le système, il faut réaliser et intégrer la régulation (PI, PD ou PID). Cette étape sera réalisée l'année prochaine.

## 12.   ETUDE DU TERRAIN

La modélisation mathématique donne les mouvements verticaux des différentes parties du châssis en fonction de l'obstacle franchi. Cet obstacle était pour l'instant une marche de 20 cm de hauteur abordée de face à 5 km/h, c'est-à-dire un évènement qui ne devrait jamais se produire dans les conditions normales d'utilisation du véhicule.

Il faut revoir une partie du cahier des charges et redéfinir les obstacles que le véhicule pourra rencontrer ainsi que les vitesses auxquelles il les abordera.

Pour coller au plus près de la réalité, j'ai recherché le type de terrain que le véhicule sera le plus souvent amené à parcourir : une étape type du chemin de Saint-Jacques de Compostelle.

Par l'intermédiaire de l'association des "Amis de Saint Jacques de Compostelle", j'ai pu rencontrer deux personnes qui ont fait le pèlerinage et m'ont fait part de leur expérience :

- **José MOREAU**, habite à Ethe (Virton), est administrateur des "Amis de St Jacques – Belgique" et a accompli 5 parcours différents vers Compostelle
- **Michel Guillaume** est ingénieur en électronique de puissance chez Thales et a accompli le pèlerinage à vélo.

### 12.1   Les obstacles

J'ai défini 4 obstacles "marche d'escalier" de tailles différentes qui seront abordés à des vitesses différentes (on prendra comme hypothèse que le conducteur adaptera la vitesse du véhicule à la hauteur de l'obstacle à franchir) :

- Obstacles de 25 mm  (chemin caillouteux)  →  4 km/h
- Obstacles de 50 mm  →  3 km/h
- Obstacles de 100 mm (petite marche)  →  2 km/h
- Obstacles de 200 mm (grosse marche)  →  0,5 km/h

## 12.2 Définition des entrées du programme

Ces hypothèses permettent de déterminer le profil du terrain à entrer dans le programme MatLab :

Les entrées du programme correspondent à la position verticale du centre de chaque roue en fonction du temps.

Pour plus de simplicité, la roue sera considérée comme indéformable et le trajet de son centre, qui suit normalement un arc de cercle au moment de la montée de l'obstacle, sera représenté par une droite.

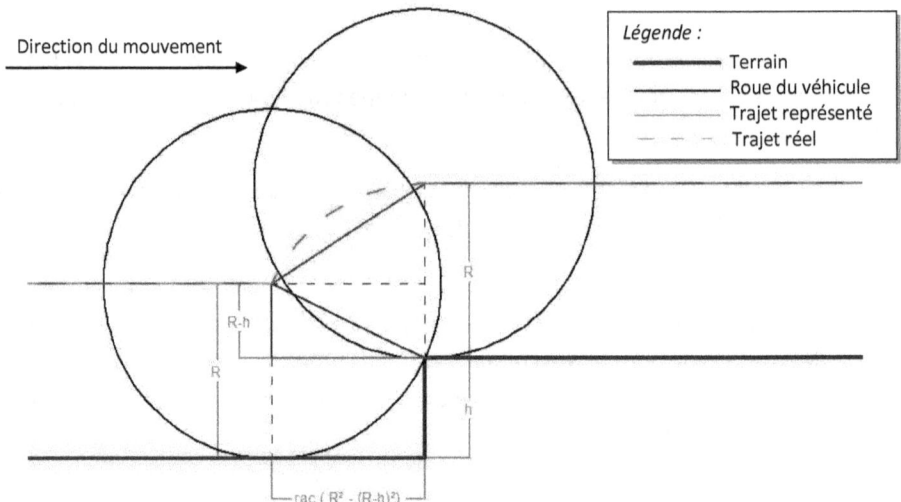

Figure 12.1 : Montée d'une marche

En prenant des roues de 300 mm de rayon et en appliquant les hauteurs et vitesses des quatre obstacles, il est possible de calculer le temps mis à la roue pour monter la marche et donc obtenir les données nécessaires à la définition des entrées.

Le tableau ci-dessous reprend ces données pour les quatre obstacles :

| h (mm) | vitesse (km/h) | R (mm) | R-h (mm) | $\sqrt{(R^2 - (R-h)^2)}$ (mm) | vitesse (mm/s) | temps de montée (s) |
|--------|----------------|--------|----------|-------------------------------|----------------|---------------------|
| 25     | 4              | 300    | 275      | 120                           | 1111           | 0,11                |
| 50     | 3              | 300    | 250      | 166                           | 833            | 0,20                |
| 100    | 2              | 300    | 200      | 224                           | 556            | 0,40                |
| 200    | 0,5            | 300    | 100      | 283                           | 139            | 2,04                |

Tableau 12-1 : Calcul du temps de montée des obstacles

## Obstacle de 25 mm

L'obstacle le plus souvent rencontré sur les chemins de campagnes sera assimilable à une marche de 25 mm prise à 4 km/h.

### Graphes des entrées

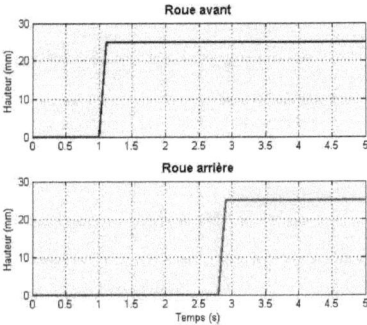

Figure 12.2 : Obstacle de 25 mm - Entrées

### Graphes des mouvements du châssis

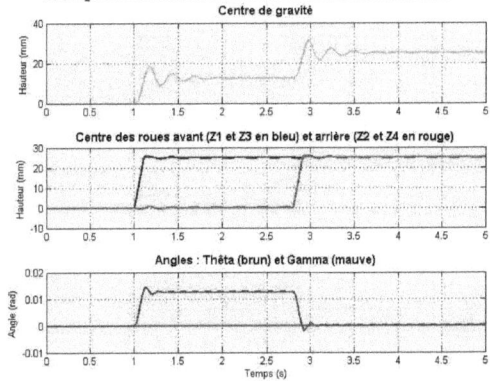

Figure 12.3 : Obstacle de 25 mm - Sorties

Dans ce cas, la roue monte de 25 mm en 0,11 seconde.

La montée de l'obstacle est très rapide et il y a de faibles oscillations du châssis (5 mm pendant 0,5 s). Ces oscillations apparaissent après les montées des roues avant et arrière.

## Obstacle de 50 mm

Le deuxième type d'obstacle est assimilable à une marche de 50 mm prise à 3 km/h.

### Graphes des entrées

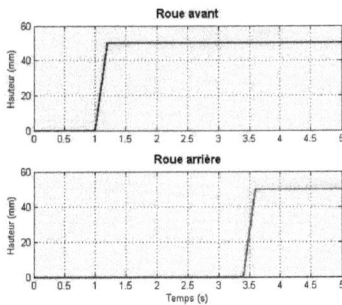

Figure 12.4 : Obstacle de 50 mm - Entrées

### Graphes des mouvements du châssis

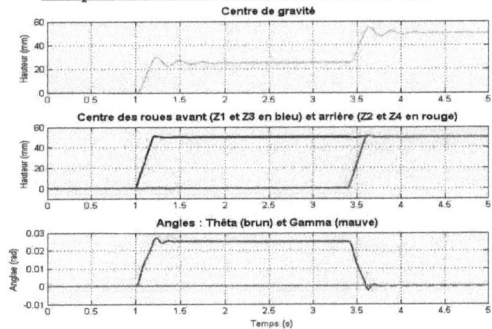

Figure 12.5 : Obstacle de 50 mm - Sorties

Dans ce cas, la roue monte de 50 mm en 0,2 seconde.

La montée de l'obstacle est rapide et il y a de faibles oscillations du châssis (3 mm pendant 0,3 s).

- 45 -

*Obstacle de 100 mm*

Le troisième type d'obstacle sera assimilable à une marche de 100 mm prise à 2 km/h.

Graphes des entrées

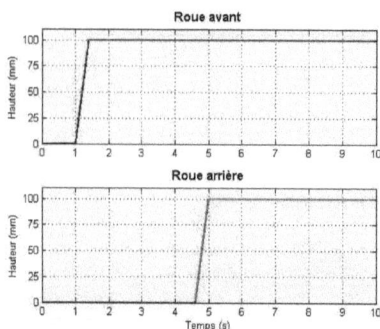

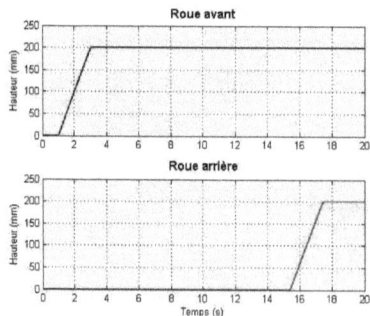

Roue avant

Roue arrière

Figure 12.6 : Obstacle de 100 mm - Entrées

Graphes des mouvements du châssis

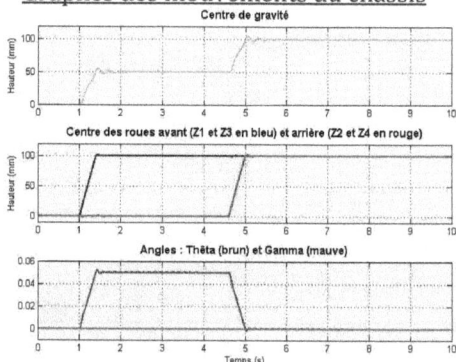

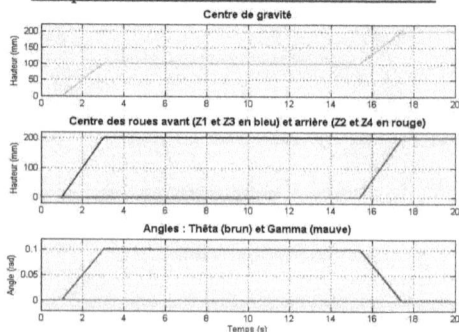

Centre de gravité

Centre des roues avant (Z1 et Z3 en bleu) et arrière (Z2 et Z4 en rouge)

Angles : Thêta (brun) et Gamma (mauve)

Figure 12.7 : Obstacle de 100 mm - Sorties

Dans ce cas, la roue monte de 100 mm en 0,4 seconde.

La montée de l'obstacle est lente et les oscillations sont encore plus faible (1 mm pendant 0,2 s).

*Obstacle de 200 mm*

L'obstacle le plus difficile sera une marche de 200 mm. Il ne sera rencontré que rarement et sera pris à vitesse très faible (0,5 km/h).

Graphes des entrées

Roue avant

Roue arrière

Figure 12.8 : Obstacle de 200 mm - Entrées

Graphes des mouvements du châssis

Centre de gravité

Centre des roues avant (Z1 et Z3 en bleu) et arrière (Z2 et Z4 en rouge)

Angles : Thêta (brun) et Gamma (mauve)

Figure 12.9 : Obstacle de 200 mm - Sorties

Dans ce cas, la roue monte de 200 mm en 2,04 secondes.

La montée de l'obstacle est très lente et il n'y plus d'oscillations visibles.

Bien sûr, ces obstacles peuvent être pris autrement que de face ou en combinaison avec d'autres, mais l'étude de ces quatre cas et principalement les marches de 25 et 200 mm sont suffisants pour l'étude qui nous intéresse.

# 13.  ETUDE DES ÉLÉMENTS

## 13.1   Système de rotation du plateau

L'originalité du projet repose essentiellement sur le fait que la PMR restera à l'horizontale. Le système de rotation du plateau est donc le point essentiel.

### Différentes solutions

#### *Hauteur du point de basculement (nacelle)*

La solution idéale serait de pouvoir placer le centre de rotation du système en mouvement (plateau + chaise + PMR) au-dessus son centre de gravité. Le système serait naturellement stable et ne demanderait que très peu d'énergie supplémentaire pour rester à l'horizontale.

Figure 13.1 : plateau - nacelle

Le plateau serait dans ce cas suspendu suivant le principe d'une nacelle, comme sur les figures 12.1 et 12.2.

Figure 13.2 : nacelle basse

Cependant, le déportement de la nacelle lors de l'inclinaison du terrain imposerait une largeur du véhicule de plus de 1,50 mètre. Or, le cahier des charges nous impose une largeur de moins de 1,20 mètre.

De plus, cette solution pose de gros problèmes d'accessibilité de la PMR (voir les figures).

#### *Rotule*

La solution apportée par l'étude de faisabilité fut de faire reposer le plateau sur une rotule au centre et deux vérins en bout de plateau.

Figure 13.3 : plateau reposant sur une rotule et deux vérins

Dans ce cas, le système est naturellement instable et l'horizontalité est assurée par les deux vérins (pour rappel : voir la modélisation présentée ci-dessus).

Dans le cas idéal (option de départ), les vérins seraient disposés de manière à simplifier la modélisation : un vérin contrôlerait le basculement du plateau d'avant en arrière (tangage), tandis que l'autre contrôlerait du basculement de côté (roulis). Je reviendrai sur la disposition des vérins dans le chapitre suivant.

## Cardan

Une rotule offre 3 degrés de liberté : la rotation autour des axes X, Y et Z.

Dans notre cas, seules les rotations autour des axes X et Y nous intéressent, la rotation autour de l'axe des Z est inutile, et pourrait même générer des problèmes (efforts latéraux sur les vérins).

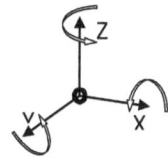

Figure 13.4 : Degrés de liberté d'une rotule

Pour enlever la possibilité de rotation autour de l'axe Z, il suffit de remplacer la rotule par un cardan (lequel ne propose que deux degrés de liberté).

Cette solution a été apportée lors d'une réunion brainstorming que j'ai organisé avec des membres du personnel de l'entreprise au début du mois de mars.

## Point milieu

Le cardan placé sous le plateau reprend la plupart des efforts verticaux et soulage ainsi les vérins électriques.

Comme désiré, il permet une rotation du plateau autour de l'axe des X (tangage) et l'axe des Y (roulis).

Figure 13.5 : Système de cardan central

Les dessins 3D (figure 12.5 et suivantes) ont été réalisés à l'échelle sur le logiciel SolidWorks au sein de l'entreprise CMI EMI. L'ensemble des plans et dessins sera présenté au chapitre 13.

*Cadre rigide*

Une autre solution est d'utiliser le plateau lui-même comme cardan :

Le plateau est fixé à l'avant et l'arrière sur un cadre rigide (en jaune sur la figure 12.6), lui même fixé sur les côtés au châssis du véhicule (en rouge).

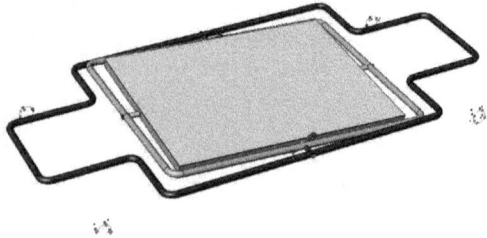

Figure 13.6 : Système de cadre rigide

De cette façon, le plateau peut s'incliner sur les côtés par rapport au cadre, celui-ci peut s'incliner vers l'avant ou l'arrière. En combinant les deux mouvements, le plateau peut s'incliner de tous les côtés, le centre de rotation étant situé au centre du plateau (intersection des axes de rotations).

Cette solution a aussi l'avantage de libérer de la place sous le plateau (possibilité d'y mettre les batteries par exemple).

## 13.2   Vérins

Le rôle des vérins est d'exercer une force sur le plateau afin de garantir son horizontalité. Ils doivent donc compenser les mouvements du châssis.

Grâce à la modélisation mathématique, il est possible de connaître les mouvements du châssis, et donc ceux que les vérins devront effectuer.

### Caractéristiques

*Course, vitesse et accélération*

Afin de caractériser la course du vérin, on mesure l'arc : on multiplie l'angle formé par le châssis avec l'horizontale par la longueur séparant le point de rotation du plateau du point de fixation du vérin.

La caractérisation de la vitesse et l'accélération du vérin se fait de la même manière, en prenant la vitesse et l'accélération angulaire.

Les résultats ci-dessous ont été obtenus en prenant l'angle de tangage multiplié par un bras de levier de 500 mm. L'opération a été répétée pour les quatre obstacles décrits dans le chapitre précédent :

## Obstacle de 25 mm

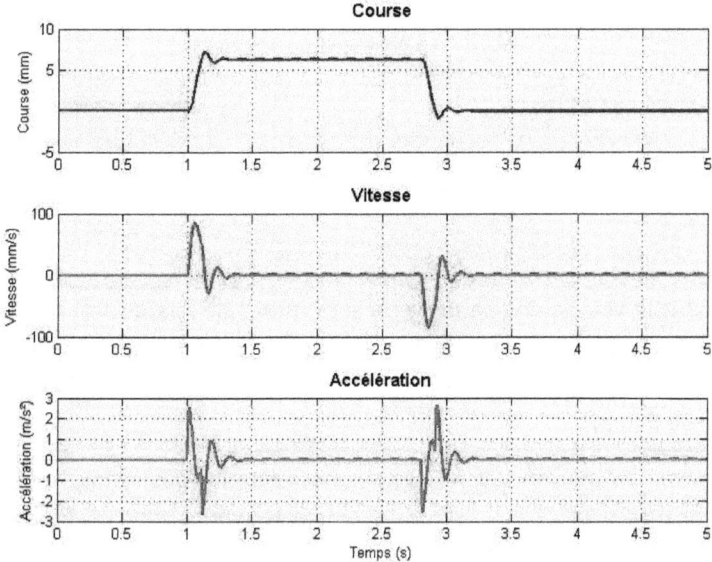

Figure 13.7 : Caractéristiques des vérins - Obstacle de 25 mm

## Obstacle de 50 mm

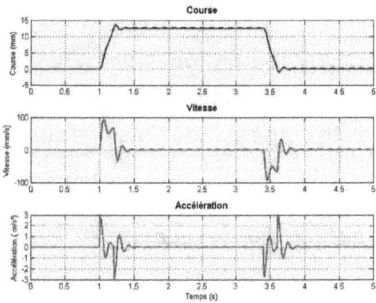

Figure 13.8 : Obstacle de 50 mm

## Obstacle de 100 mm

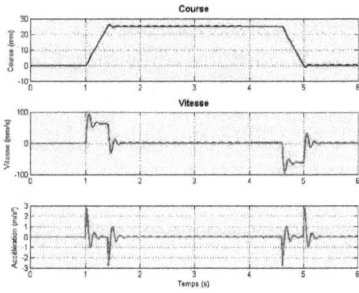

Figure 13.9 : Obstacle de 100 mm

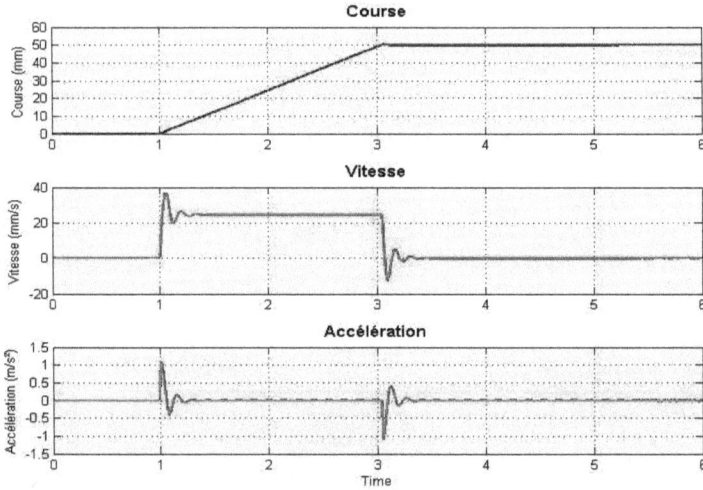

<u>Obstacle de 200 mm</u>

Figure 13.10 : Caractéristiques des vérins - Obstacle de 200 mm

Comme on peut le voir, la course du vérin sera maximale lors du franchissement d'un obstacle de 200 mm : elle sera de 2 x 50 mm = **100 mm** (une course légèrement supérieure à 100 mm sera préférée). La vitesse maximale est de **100 mm/s** et l'accélération de **3 mm/s²**.

Nous avons ainsi les vérins en course, vitesse et accélération des vérins. La dernière donnée à connaître pour caractériser entièrement les vérins sont les forces qu'ils devront être capables de déployer.

*Force*

*Dynamique*

Pour le calcul de la force qu'un vérin devra pouvoir fournir, on supposera que le centre de gravité de la chaise roulante et la personne sera, dans le plan horizontal, à 15 cm du centre du plateau. En prenant cette hypothèse, nous avons l'équation pour trouver la force à déployer :

$$Masse\ sur\ le\ plateau \times (g + a) \times \frac{0,15}{l_{v\theta}} \times coefficient\ de\ sécurité = Force\ à\ déployer$$

Le Randochar doit pouvoir accueillir les personnes à mobilité réduite dans leur propre chaise roulante. Nous ne pouvons pas imposer une limite de poids qui exclurait une partie de la population.

Pour être le plus juste possible, nous avons recherché les poids de différentes chaises roulantes ainsi que les poids maximum admissibles sur ces chaises (en annexe).

Il est ressorti qu'une masse de 150 kg maximum sur le plateau est une limite acceptable.

Le cahier des charges a donc été modifié en accord avec l'asbl "Les Papillons de Saint-Jacques". Les modifications sont présentées dans une section suivante.

En prenant une masse sur le plateau de 150 kg, une accélération de 1 m/s² et un coefficient de sécurité de 1,5, il vient :

$$150 \times (9,81 + 1) \times \frac{0,15}{0,5} \times 1,5 = 730 \; N.$$

On prendra donc un vérin capable de produire une force de 800 N (valeur standard) autant en traction qu'en compression.

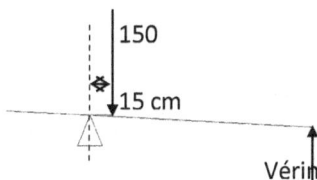

Figure 13.11 : Force dynamique

*Statique*

A l'arrêt, le système de stabilisation devra supporter les forces exercées lors de l'embarquement et du débarquement de la PMR et pouvoir supporter occasionnellement le poids d'un accompagnant extérieur qui viendrait à grimper sur le plateau.

Un cas extrême apparaîtra à l'embarquement et au débarquement, lorsque tout le poids de la PMR reposera sur une extrémité du plateau, le système devra alors supporter une charge de :

Figure 13.12 : Force statique

$$150 \times 9,81 \times 1,5 = 2207 \; N.$$

Le système devra donc être conçu pour supporter cet effort.

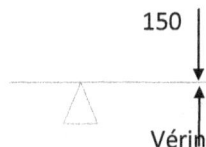

*Irréversibilité*

Une fois la position atteinte, le vérin devra y rester même s'il n'est plus alimenté. Le vérin devra donc être irréversible ou comporter un frein sur le moteur capable de maintenir le vérin en position.

## Choix du vérin et du fournisseur

Ayant maintenant caractérisé l'intégralité des spécificités techniques, j'ai été en mesure de prendre contact avec des fabricants et fournisseurs de vérins.

En gardant toujours en tête le côté sécurité, lors d'une réunion, il s'est avéré que travailler en 220 V est fortement déconseillé (règles de sécurité drastiques). Nous devons nous restreindre à utiliser de la basse tension (48 V).

### Sociétés contactées

(Les coordonnées des personnes de contact et des entreprises sont en annexes)

#### SMC Pneumatics

Rencontré au salon des nouvelles technologies à Pierrard, très bon contact, mais les vérins proposés ne correspondent pas aux critères.

#### Rosier Mécatronique

Contacté plusieurs fois par téléphone, très bon contact. A proposé une solution complète en 220 V et en 48 V, mais à un prix trop élevé (9075 € l'ensemble de deux vérins avec contrôleur).

#### Litech

Contacté par e-mail, a proposé une solution en 24 V, mais les vérins sont trop faibles.

#### Kinetic Systems

Pas encore de réponse exploitable

#### Binder Magnetic

Pas encore de réponse exploitable

#### Festo

Rencontré une première fois au salon des nouvelles technologies à Pierrard, très bon contact.
Rencontré un autre représentant à CMI EMI (Aubange), qui a proposé une bonne solution à un prix intéressant.

## Choix d'un vérin

L'offre retenue est celle de la société Festo.

Offre pour un kit complet vérin-moteur-contrôleur :

| | | | | | | | |
|---|---|---|---|---|---|---|---|
| 555472 | 1 | ST | | DNCE-63-100-BS-"20"P-Q Elektrocilinder | 716,93 | 716,93 | 25.0 |
| 174379 | 1 | ST | | FNC-63 FLENSBEVESTIG. | 23,19 | 23,19 | 25.0 |
| 9263 | 1 | ST | | SGS-M16X1,5 SCHARNIERKOP | 37,22 | 37,22 | 25.0 |
| 543162 | 1 | ST | | EAMM-A-D60-87A Axiaalkit | 196,08 | 196,08 | 29.0 |
| 1370494 | 1 | ST | | EMMS-ST-87-L-SEB-G2 STAPPENMOTOR | 533,93 | 533,93 | 25.0 |
| 572211 | 1 | ST | | CMMS-ST-C8-7-G2 MOTORCONTROLLER | 630,54 | 630,54 | 25.0 |
| 550748 | 1 | ST | | NEBM-M12G8-E-5-S1G9 encoderkabels | 85,43 | 85,43 | 25.0 |
| 550744 | 1 | ST | | NEBM-S1G15-E-5-LE6 motorkabels | 99,67 | 99,67 | 25.0 |
| 552254 | 1 | ST | | NEBC-S1G25-K-2.5N-LE26 stuurleiding | 76,28 | 76,28 | 25.0 |
| 533783 | 1 | ST | | FBS-SUB-9-WS-CO-K STEKKER | 38,95 | 38,95 | 25.0 |
| 160786 | 1 | ST | | PS1-ZK11-NULLMODEM-1,5M KABEL | 32,95 | 32,95 | 25.0 |
| | | | | | **Totaal** | **2.471,17** | **EUR** |

Cette offre est pour un seul vérin, il faut donc la multiplier par deux : 2471,17 € x 2 = 4942,34 €, ce qui reste la meilleure offre reçue.

## Remarque

Le vérin proposé est plus encombrant qu'envisagé (700 mm de long + une course de 200 mm), ce qui nous empêche de le mettre verticalement sous le plateau. Une autre solution a dû être recherchée, nous en parlons dans le point 12.2.3.

# Solution proposal for positioning drives

**FESTO**

Project name

24/05/2012
Positioning Drives
Version 1.5.12

For your application a solution has been selected consisting of the following components:

| Axis | Motor | Controller |
|---|---|---|
| DNCE-63-BS-"20"P-Q | EMMS-ST-87-L-SEB | CMMS-ST-C8-7 Power section 48 VDC |

**Technical data:**

| | | |
|---|---|---|
| Axis technology | Ball screw | |
| Guide | Without guide | |
| Motor type | Servo lite | |
| **Load calculated from:** | **Required** | **Possible** |
| Usable length | 200,000 mm | 800,000 mm |
| Stroke | 10 mm | |
| Repetition accuracy | +/- 0,500 mm | +/- 0,020 mm |
| Moving mass | 80,000 kg | |
| Additional external force | 0,0 N | |
| Assembly position | Vertical | |
| Maximum ambient air temperature | 25 ° C | |

**This solution offers you the following performance:**

| | | |
|---|---|---|
| Travel time | (10 mm) | 0,154 s |
| Motion profile see diagram | | |
| Load Axis | 68% | |
| Load Motor | 99% | |

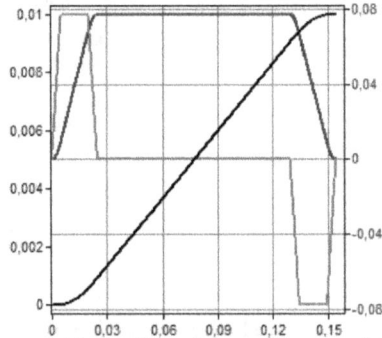

In case of energy loss, holding brake can not fix the drive: If energy supply fails, drive will fall or slip downward!Please ensure that the following dynamic values the dimensioning is based on do not exceed the limit values of your equipment Speed: 0,077 m/s, Acceleration: 3,9 m/s², Deceleration: 3,9 m/s²

| | |
|---|---|
| Travel time | 0,154 s |
| Speed | 0,077 m/s |
| Acceleration | 3,9 m/s² |
| Deceleration | 3,9 m/s² |

# Dynamic data

| Axis | | Motor | |
|---|---|---|---|
| Type | DNCE-63-200-BS-"20"P-Q | Type | EMMS-ST-87-L-SEB |
| Calculated maximum speed | 0,077 m/s | Maximum motor revolution | 232 rpm |
| Calculated maximum acceleration | 3,9 m/s² | Acceleration torque | 4,27 Nm |
| Required usable force | 1109,8 N | Load torque | 2,74 Nm |
| Required maximum torque | 3,74 Nm | | |
| Maximum spindle revolution | 232 rpm | Calculated maximum power | 103,6 W |
| Maximum jerk | 776 m/s³ | | |
| Displacement during emergency stop | 0,497 mm | Calculated maximum current | 4,0 A |

| Mass moment of inertia | |
|---|---|
| Translatory | 8,214 kg cm² |
| Rotatory | 1,299 kg cm² |
| External moment of inertia with respect to motor | 9,513 kg cm² |
| Moment of inertia ratio | 4,099 |

# Product data

| Axis | | Motor | |
|---|---|---|---|
| Type | DNCE-63-200-BS-"20"P-Q | Type | EMMS-ST-87-L-SEB |
| Stroke, Maximum (DNCE-63) | 800,000 mm | | |
| | | Rated torque | 5,00 Nm |
| Repetition accuracy +/- | 0,020 mm | Rated current | 9,5 A |
| Intermediate Positions | Any | | |
| Moving mass Vertical, Limit for project planning | 125,000 kg | | |
| Usable force Limit for project planning | 1625,0 N | | |
| Maximum acceleration | 6,0 m/s² | Mass moment of inertia | 3,07 kg cm² |
| Maximum speed | 1,000 m/s | Maximum allowed ambient air temperature | 50 ° C |
| Moving mass of axis Mass moment of inertia | 0,108 kg cm² | | |

| Spindle | | Controller | |
|---|---|---|---|
| Maximum torque | 5,90 Nm | Type | CMMS-ST-C8-7 |
| Moment of inertia | 0,944 kg cm² | Supply voltage | |
| Feed constant | 20,0 mm | Logic section | 24 V DC |
| | | Power section | 24 ... 75 V DC |
| | | Rated current | 8,0 A |
| | | Peak current | 12,0 A |

## Position des vérins

Les caractéristiques des vérins (force, course, vitesse et accélération) varient en fonction de la distance entre le point de rotation du plateau et le point d'accroche du vérin : plus cette distance est grande, plus la force nécessaire est petite, mais plus la course devra être grande ainsi que la vitesse et l'accélération.

La position retenue pour la fixation des vérins est en bout de plateau, afin que la force à fournir soit la plus petite possible.

### 1ère possibilité envisagée :

La disposition des vérins envisagée lors de l'analyse de faisabilité et les calculs mathématiques de modélisation était comme sur la figure ci-dessous :

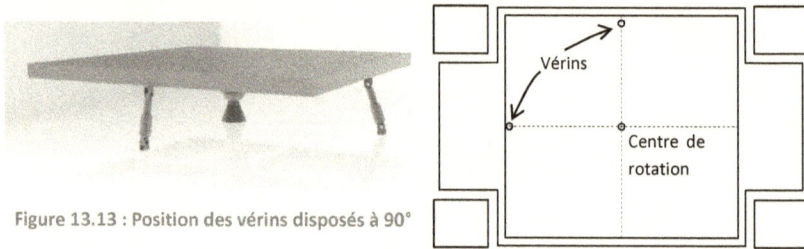

Figure 13.13 : Position des vérins disposés à 90°

Les vérins sont placés verticalement en dessous du plateau, disposés à 90°. Le premier est à l'avant et contrôle l'inclinaison du plateau d'avant en arrière (tangage), tandis que l'autre se trouve sur le côté et contrôle l'inclinaison de côté.

Cette disposition a l'avantage que les vérins sont indépendants l'un de l'autre. En effet, puisque les vérins se trouvent chacun sur un axe de rotation du plateau (voir figure ci-dessus), ils n'agissent pas l'un sur l'autre. La programmation en serait d'autant simplifiée

Cependant, il est apparu que la taille réelle des vérins serait beaucoup trop grande pour pouvoir les placer verticalement sous le plateau. Cette solution a donc été abandonnée très peu de temps avant la fin de mon travail (jeudi 24 mai 2012). Il n'a donc pas été possible d'adapter la modélisation faite précédemment.

### 2ème possibilité :

Une autre possibilité aurait été de mettre les vérins verticalement, avec le corps et le moteur au-dessus du plateau. Le principal inconvénient de cette solution est que ces vérins représenteraient des masses en mouvement supplémentaires près du passager. De plus cela gênerait la vue du passager.

### 3ème possibilité :

La solution finalement retenue est de placer les deux vérins horizontalement sous le plateau, et de les relier à celui-ci par des renvois d'angle (voir figures).

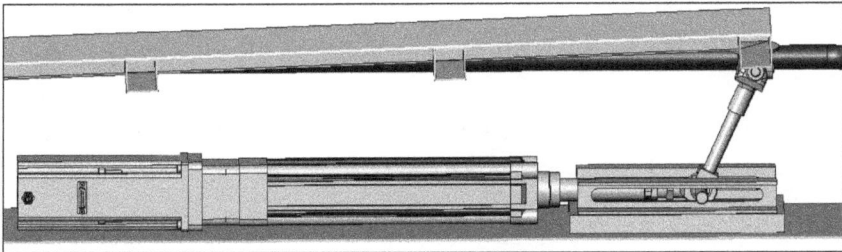

Figure 13.14 : vue générale

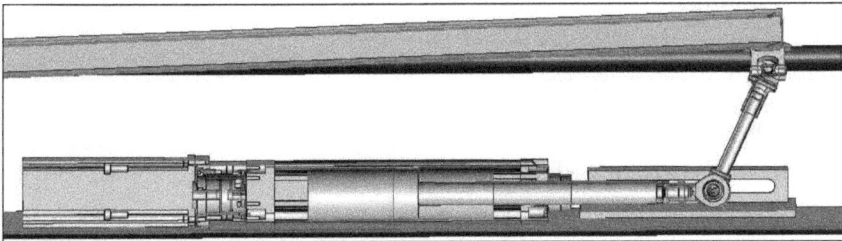

Figure 13.15 : vue en coupe

Ce système a l'avantage de décharger les vérins des forces verticales, qui sont transmises directement au châssis. On pourra donc concevoir un système bloquant le mécanisme en position milieu lors de l'embarquement et du débarquement de la PMR. N'oublions pas que le vérin doit être irréversible afin que le plateau conserve la position atteinte même s'il n'est plus alimenté.

A cause de l'encombrement des vérins, il est impossible d'en mettre un à l'avant et l'autre sur le côté, comme prévu initialement. Il a donc fallu mettre les deux points d'accroches comme sur la figure ci-dessous.

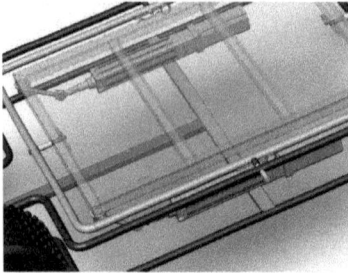

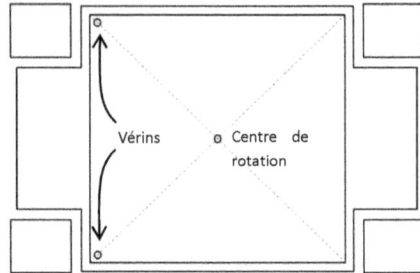

Figure 13.16 : Position des vérins à l'avant

Une telle disposition implique que les deux vérins sont interdépendants, et donc l'automatisation sera plus compliquée.

J'adapterai la modélisation mathématique pour les prochaines personnes travaillant sur le projet afin d'être sûr que le vérin choisis est toujours adapté.

## Conclusion

J'ai fait la modélisation, le dimensionnement, le choix, le positionnement et l'encombrement des vérins.

Mon travail étant dans le cadre d'un projet de recherche fondamentale sur du long terme, il n'est pas surprenant qu'il y ait eu une petite divergence (théorie/réalité) quant à l'emplacement et l'encombrement des vérins.

## 13.3   Suspensions

Le système de suspension du véhicule sert essentiellement à amortir les chocs et "lisser" le terrain pour décharger au maximum le système de stabilisation du plateau.

### Parallélogramme déformable

La vitesse du véhicule étant extrêmement faible (< 5 km/h), un système de suspension simple est suffisant. Un système de suspension en parallélogramme déformable peu convenir et offre l'avantage de la simplicité et la facilité de mise en œuvre.

En ce qui concerne l'amortisseur, j'ai pris contact

avec la société Öhlins, société spécialisée dans les prototypes de suspension, et leur technico-commercial a affirmé qu'au vu des faibles vitesses et de la masse raisonnable, tout système standard est utilisable.

Figure 13.17 : Suspension en parallélogramme déformable

### Pneus sous-gonflés

L'idée de remplacer le système de suspension par des pneus sous-gonflés nous est venue dans une réunion avec l'entreprise : la vitesse du véhicule est tellement fable qu'on peut imaginer de supprimer le système de suspension et utiliser des pneus sous gonflés pour amortir les chocs.

Cette solution a l'avantage de réduire le nombre de pièces à utiliser ainsi que l'encombrement (les roues étant directement attachées au châssis). Par contre, il n'y a pas de possibilité de réglage (conduite sportive ou souple) durant le trajet.

Figure 13.18 : Pneu sous-gonflé

Le gros point d'interrogation est le temps d'oscillation suite au passage d'un obstacle (problème de "mal de mer").

Pour s'en assurer, il faut modifier des paramètres physiques des amortisseurs dans la simulation MatLab (monter la constante de raideur de plusieurs ordres de grandeur, et baisser le coefficient d'amortissement des pneus) :

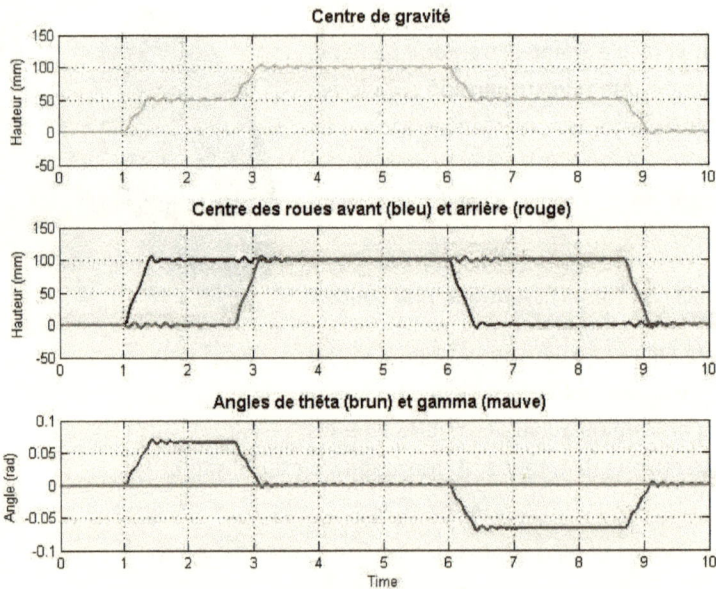

Figure 13.19 : Prise d'obstacle avec les pneus sous-gonflés

Comme on peut le voir, la durée d'oscillation doublée.

C'est pas tant que ça, la porte reste ouverte et le choix définitif de la suspension n'est pas encore validé.

## 13.4 Batteries

Le véhicule étant électrique, l'électricité contenue dans les batteries sera la seule source d'énergie disponible. Le choix de la batterie se révèle donc important.

---

Terminologie :

- **Densité énergétique d'une batterie** (en kW/kg) : c'est la quantité d'énergie embarquée par kg. Plus elle est importante, plus il est possible d'utiliser la batterie sans la recharger.
- **Durée de vie d'une batterie** : s'exprime en nombre de cycles de charge et décharge, on considère une batterie comme "morte" lorsqu'elle n'est plus capable de stocker 80% de sa capacité initiale.
- **Capacité** : s'exprime en Ah, c'est la capacité d'une batterie à délivrer un certain courant pendant un certain temps (la quantité d'énergie que la batterie peut embarquer).
- **Puissance d'une batterie** : s'exprime en coefficient multiplicateur « C » de la capacité nominale du stockage de la batterie.
- **Effet mémoire** : c'est un phénomène qui affecte les performances des batteries électriques en réduisant sa capacité.

---

### Présentation des différentes technologies

Il existe 4 grandes familles de technologies de batteries :

- Plomb
- Nickel Cadmium
- Nickel Métal-Hydrure
- Lithium

### *Batteries au plomb (Pb)*

Cette technologie est la plus répandue et est bien maitrisée.

| *Avantage :* | *Inconvénients :* |
|---|---|
| Coût : ce sont les batteries les moins chères du marché | Densité énergétique faible (30 à 50 Wh/kg) Durée de vie courte (200 à 600 cycles) |

### Batteries au Nickel Cadmium (NiCd)

Technologie relativement ancienne et maîtrisée, utilisée pour les batteries de voitures et scooters.

Cependant, le Cadmium étant très polluant, ces batteries sont retirées de la vente.

| *Avantage :* | *Inconvénients :* |
|---|---|
| Durée de vie (1000 à 2000 cycles) | Pollution |
| | Effet mémoire |

### Batteries au Nickel Métal-Hydrure (NiMH)

Commercialisées depuis les années 1990, elles équipent aujourd'hui un grand nombre de véhicules hybrides (p.ex. : Toyota Prius).

Elles ne permettent pas les décharges profondes (il faut se limiter à 30% de profondeur de décharge).

| *Avantage :* | *Inconvénients :* |
|---|---|
| Pas d'effet mémoire | Capacité d'autodécharge importante (30%/mois) |
| Bonne densité énergétique | Ne permettent pas les décharges profondes |
| Charge rapide | |

### Batteries au Lithium (Li)

La batterie lithium occupe aujourd'hui une place prédominante sur le marché de l'électronique portable. Ses principaux avantages sont une densité d'énergie élevée (4 à 5 fois plus que le NiMH) ainsi que l'absence d'effet mémoire. Bien que le coût reste important, le rapport prix/prestation est exceptionnel.

## Lithium-Ion (Li-ion)

Commercialisée depuis 1991.

De plus en plus utilisée dans les véhicules électriques.

Risque d'explosion si elles sont rechargées dans de mauvaises conditions (prévoir un système de sécurité poussé).

| Avantages | Inconvénient |
|---|---|
| Haute densité énergétique et poids réduit | Profondeur de décharge : vieillissent moins vite si elles sont rechargées tous les 10 % que si elles le sont tous les 80 % |
| Pas d'effet mémoire | |
| Faible taux d'autodécharge (moins de 10 % par an) | |
| Pas de maintenance | Risque d'explosion |
| | Prix |

## Lithium-Polymère (Li-Po)

Début des années 2000.

Plus stable et sûres que les Li-ion, mais soumises à des règles de sécurité strictes.

| Avantages | Inconvénients |
|---|---|
| Batterie pouvant prendre des formes fines et variées | Prix (plus cher que le Li-ion) |
| Batterie pouvant être déposée sur un support flexible | Charge soumise à des règles strictes sous peine de risque d'inflammation |
| Faible poids | |
| Plus sûre que les Li-ion | |

## Lithium-Métal-Polymère (LMP)

Nouvelle technologie (2007), ces batteries sont entièrement solides et ne présentent pas de risque d'explosion.

| Avantages | Inconvénients |
|---|---|
| Entièrement solide (pas de risque d'explosion) | Fonctionnement optimal à température élevée |
| Faible autodécharge | Pas de réel retour d'expérience |
| Pas de polluant majeur | |
| Pas d'effet mémoire | |

## Comparaison des différentes technologies

Outre les avantages et inconvénients cités dans le point précédent, d'autres critères entrent en jeu lors du choix de batteries :

*La puissance et l'énergie spécifique de la batterie* qui représentent respectivement l'accélération et l'autonomie du véhicule :

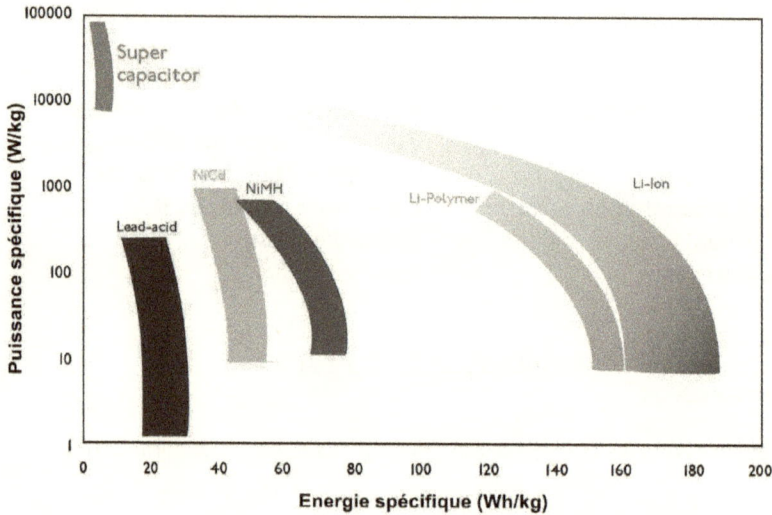

Figure 13.20 : Puissance et énergie spécifique des batteries

*L'énergie volumique et l'énergie massique* qui représentent l'énergie que l'on peut embarquer pour une même taille et un même poids de batterie :

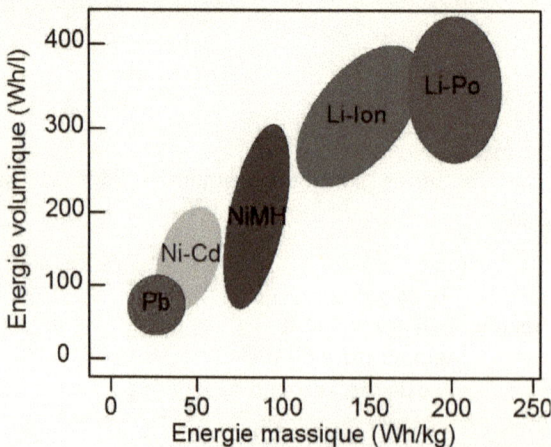

Figure 13.21 : Energie volumique et énergie massique des batteries

*Nombre de cycles de charge/décharge (durée de vie) :*

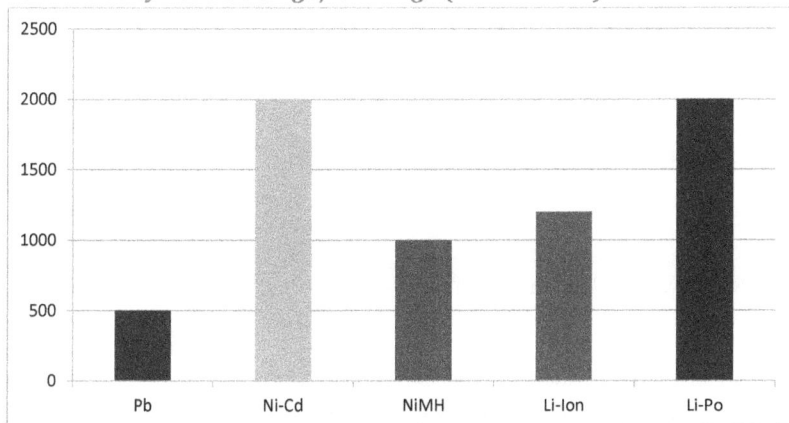

Figure 13.22 : Durée de vie des batteries

## Dimensionnement de la batterie

L'étude du projet n'étant qu'à ses débuts, il n'y a pas d'autres choix que d'estimer la demande en énergie du véhicule en posant des hypothèses :

1. Les moteurs et les vérins étant les principaux demandeurs d'énergie, la batterie ne sera calculée que pour ces deux postes.

2. Un système de récupération d'énergie lors du freinage est envisageable, pourtant le calcul sera fait sans en tenir compte.

3. Les éventuels autres appareils électriques embarqués seront alimentés par une autre batterie ou par l'énergie récupérée lors du freinage.

Partant de ces hypothèses, il est possible d'estimer la consommation électrique :

- 4 moteurs de 1000 W, en 48 V et étant utilisés en moyenne à 40% de leurs capacités → **33 A**
- 2 vérins de 500 W, en 48 V et étant utilisés en moyenne à 80% de leurs capacités → **16,7 A**

→ Ce qui nous donne au total **50 A de moyenne**.

En posant que ces batteries devront débiter pendant 5 heures et en prenant un coefficient de sécurité de 1,25, on obtient une consommation de 50 x 5 x 1,25 = **313 Ah** (15.000 W).

## Pb

En utilisant des batteries au plomb, il nous faut 8 batteries 165 Ah, 12 V, ce qui nous donne un total de **3.100 €** pour un poids de **384 kg.**

## NiCd

Les batteries contenant du cadmium ont été retirées de la vente en raison de leur toxicité.

## NiMH

Les batteries Nickel Métal-Hydrure ne sont pas adaptées à notre application.

## Li-Ion

En utilisant des batteries Li-Ion, il nous faut 60 cellules de 90 Ah, 3,4 V (+ un contrôleur par branche), ce qui nous donne un total de **7.900 €** pour un poids de **192 kg.**

## Li-Po

Avec des batteries Li-Po, il nous faut 52 cellules de 100 Ah, 3,7 V (+ un contrôleur par branches), ce qui nous donne **15.900 €** pour un poids de **130 kg.**

## Conclusion

Bien que moins performantes et plus lourdes, les batteries au plomb restent le choix le plus économique. Certes, les batteries pourront, de par leur poids, contribuer à l'abaissement au centre de gravité du véhicule, mais un poids avoisinant les 400 kg parait difficilement envisageable.

La technologie Lithium Ion semble être un compromis acceptable bien que le prix dépasse ce qui est prévu dans le cahier des charges.

# 14. PLANS ET DESSINS

Les plans et dessins 3D ont été réalisés à l'échelle sur le logiciel SolidWorks au sein de l'entreprise CMI EMI.

Ils seront réutilisables par les équipes travaillant par la suite sur le projet.

## 14.1 Véhicule avec suspension

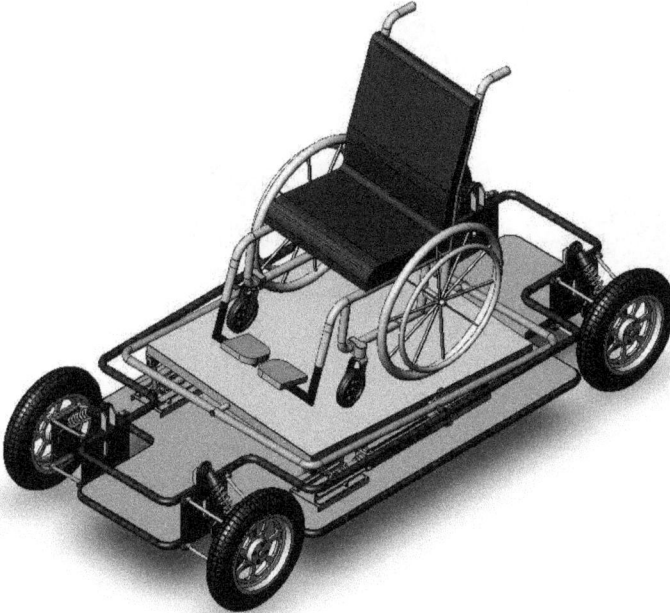

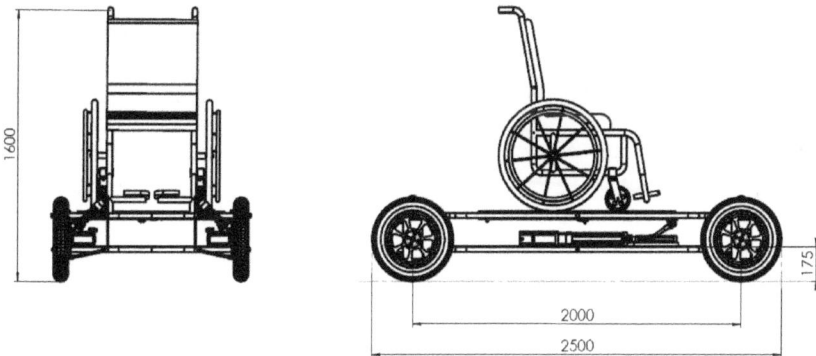

Figure 14.1 : vue 3D et plans du véhicule avec suspensions

## 14.2 Véhicule sans suspension

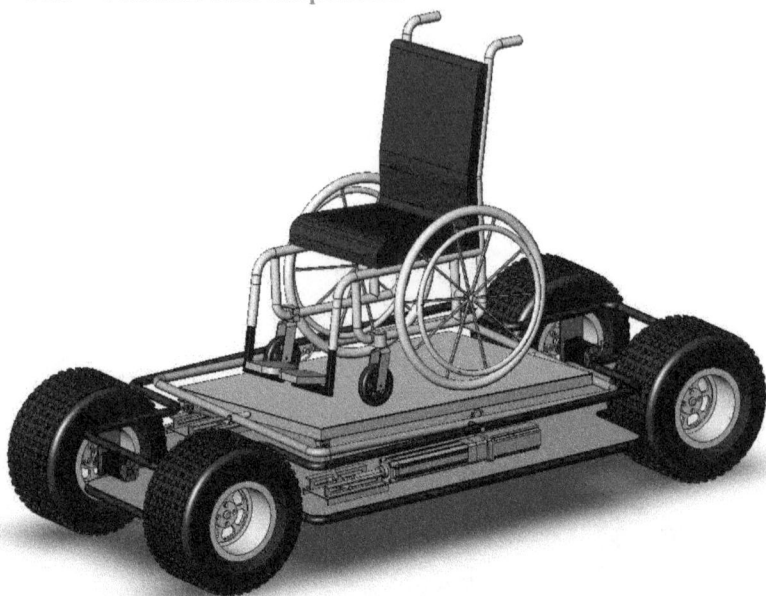

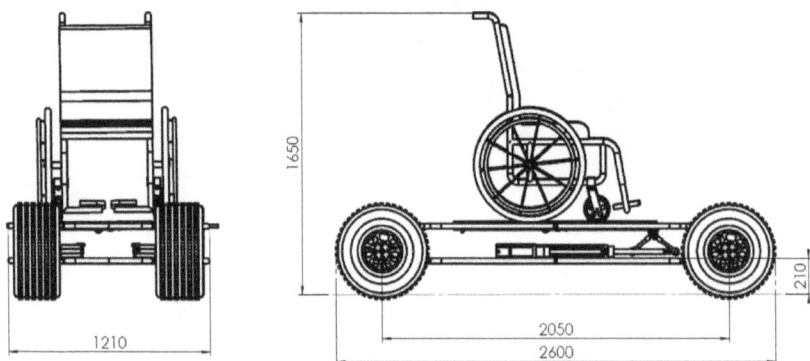

Figure 14.2 : vue 3D et plans du véhicule sans suspensions

## 15. ETUDE ÉCONOMIQUE

Au stade actuel de l'étude, il est possible de faire une pré-étude économique du véhicule en ne prenant en compte que les coûts que l'on connait ou qu'on peut estimer :

Matériel :
- Le système de stabilisation reprend les vérins et leurs systèmes de commande et motorisation (offre de Festo à 5000 €)
- Le système de commande reprend l'automate (estimé à 2000 €)
- Le système de propulsion reprend les roues ainsi que les moteurs (estimé à 4000 €)
- Le système de stockage de l'énergie reprend les batteries : batteries au plomb (3100 €)
- Le châssis (estimé à 500 €)

Main d'œuvre :
- L'assemblage et la fabrication (estimé à 1000 €)

Recherche et développement :
On peut aussi inclure le coût de la recherche comme s'il avait fallu payer l'étudiant qui réalise son travail et la consultance extérieure des professeurs Mr Bernard et Mr Lecointre (via le centre FoRS) :
- Etudiant : 4400 € brut/mois durant 3 mois = 13.200 €
- Professeurs consultants : 120 € brut/h, 1h/semaine, 12 semaines = 1440 €

*Tableau récapitulatif :*

| Poste | Prix | |
|---|---|---|
| **Matériel** | | **14.600,00 €** |
| Système de stabilisation | 5.000,00 € | |
| Système de commande | 2.000,00 € | |
| Système de propulsion | 4.000,00 € | |
| Système de stockage d'énergie | 3.100,00 € | |
| Châssis | 500,00 € | |
| **Main d'œuvre** | | **1.000,00 €** |
| Assemblage | 1.000,00 € | |
| **Recherche et développement** | | **14.640,00 €** |
| Etudiant | 13.200,00 € | |
| Consultance Mr Bernard et Mr Lecointre | 1.440,00 € | |
| **TOTAL** | **30.240,00 €** | |

Cette analyse économique ne reprend que les postes déjà étudiés et n'est donc pas complète. De plus, les batteries prises sont les moins chères (au plomb). L'utilisation de batteries **Li-Ion** porterait cette analyse à **35.040 €** !

Elle intègre aussi le coût de la recherche et du développement, coût qui ne sera au final réduit car distribué sur l'ensemble des véhicules produits. Sans la R&D, les coûts s'élèveraient à **15.600 €** avec des batteries au plomb **et 20.400 €** avec des batteries Li-Ion, ce qui se rapproche plus du cahier des charges.

Rappelons que cette analyse ne se base que sur le travail effectué au bout de cette première partie sur le sujet et ne tient compte que des éléments actuellement connus. Il faudra donc y ajouter le restant du châssis, les éléments de sécurité, l'étude de marché, la commission du revendeur…, autant d'éléments qui font encore gonfler le prix final du Randochar.

# 16. MODIFICATIONS APPORTÉES AU CAHIER DES CHARGES ET AU PLANNING

### Cahier des charges du Randochar

Au fur et à mesure de l'avancement du travail, il est apparu que plusieurs points du cahier des charges étaient trop peu complets ou techniquement impossibles à réaliser. Ils ont donc été modifiés en accord avec les professeurs, l'entreprise et l'asbl "Les Papillons de Saint-Jacques".

Le nouveau cahier des charges se trouve ci-dessous, les changements apportés sont *en italique* :

1. Transporter une PMR en chaise roulante de *150 kg* maxi., aidée d'un accompagnateur

2. Le Randochar devra être transportable par une camionnette ou une remorque

3. Accessibilité aisée de la chaise roulante sur le Randochar (rampe d'accès,...)

4. Type de terrain rencontré :

   - ornières de 20 cm de profondeur
   - pente de 15 %
   - dévers de 15 %
   - tout type de terrain (sable, boue, terre, gravillon, asphalte, un gué,..)

Pour le confort de la PMR, son siège restera à l'horizontale en permanence.

5. Garantir la sécurité du passager en toutes circonstances :

   - Protection active dans la stabilité
   - Protection de fonctionnement (commande, direction,...)
   - Système de freinage
   - Protections passives (arceaux, ceintures, éclairage,....)
   - Système de fixation de la chaise sur le Randochar sécurisé
   - Respect des normes en vigueur (CE)
   - Protection des circuits électriques contre les intempéries
   - Résistance du châssis vis-à-vis des sollicitations (flexion, torsion,....)

6. Performances :

- *Vitesse :*
  - *5 km/h sur terrain plat*
  - *4 km/h sur chemin de campagne peu caillouteux*
  - *3 km/h sur chemin de campagne fort caillouteux*
  - *2 km/h lors de la montée d'une marche de 10 cm*
  - *0,5 km/h lors de la montée d'une marche de 20 cm*
- Propulsion écologique (électrique,....)
- Autonomie sur route : > à 6 heures
- Autonomie en tout terrain : > à 3 heures
- Rayon de braquage : environ 2 m
- Centre de gravité du véhicule chargé le plus bas possible (compromis entre garde au sol et centre de gravité)
- Confort de l'usager du Randochar (suspension adaptée, suspension active, pneumatiques, rigidité du châssis, intempéries,....)
- Longueur maxi. : le plus court possible
- Largeur maxi. : 1,20 m
- *Poids maxi. : 400 kg*

7. Eco-conception : recyclage, durée de vie, peu énergivore, ....

8. Aspects économiques: bilan économique (estimation de prix de vente à *30.000 €)*

## Cahier des charges et planning du travail

L'objectif initial du travail de fin d'études était de réaliser un démonstrateur du châssis du Randochar en suivant différentes étapes :

1. Terminer la modélisation 3D (simplifiée) pour confirmer le résultat obtenu lors de l'atelier multidisciplinaire 2011-2012

2. Analyse fonctionnelle (ou amdec conception) du système châssis + plateau gyroscopique + automatisation

3. Concevoir le châssis avec choix des suspensions et type de roue

4. Valider les choix

5. Concevoir la rotule de liaison entre le châssis et le plateau gyroscopique

6. Forme du plateau gyroscopique et choix de la position de fixation des vérins

7. Automatisation du plateau

8. Validation

9. Démonstrateur (châssis, plateau, automatisation)

10. Aspect sécurité durant le projet

A la moitié du stage, après la présentation de l'état d'avancement, il est apparu que objectifs initiaux étaient trop optimistes et qu'il fallait modifier le cahier des charges :

La modélisation 3D et l'analyse fonctionnelle ne devaient au départ pas être trop approfondies et ne prendre que peu de temps. Pour que le travail soit le plus fiable et scientifique possible, elles ont du être poussées beaucoup plus loin, ce qui a prit plusieurs semaines de plus.

Il a donc fallu redéfinir les objectifs du travail. En accord avec les différentes parties, il a été décidé d'abandonner le démonstrateur (qui n'aurait pas été suffisamment proche du produit final et n'aurait représenté qu'une perte de temps et d'argent) et de se concentrer sur la partie théorique du projet :

- la modélisation 3D complète
- l'analyse fonctionnelle
- la caractérisation des éléments
- la conception (au sens étude) du système de stabilisation du plateau

Mon travail a donc consisté essentiellement en un bureau d'étude. Le projet s'étalant sur plusieurs années, il est nécessaire d'avoir une base solide et rigoureuse sur laquelle s'appuyer.

Le planning a aussi été modifié en conséquence, les deux versions sont sur les pages suivantes.

# Gantt Chart d'origine

| | S 1 | S 2 | S 3 | S 4 | S 5 | S 6 | S 7 | S 8 | S 9 | S 10 | S 11 | S 12 | S 13 | S 14 | S 15 | S 16 | 8-12 2012 | 1-6 2013 | 6-12 2013 | 1-3 2014 |
|---|---|---|---|---|---|---|---|---|---|---|---|---|---|---|---|---|---|---|---|---|
| Réunions CMI-Pierrard | x | | | x | | | | x | | | | x | | | x | | | | | |
| Modélisation 3 D | | x | | | | | | | | | | | | | | | | | | |
| Analyse fonctionnelle (amdec conception) | | | x | | | | | | | | | | | | | | | | | |
| Châssis | | | x | x | x | | | | | | | | | | | | | | | |
| Validation | | | | | x | x | | | | | | | | | | | | | | |
| Rotule et plateau, gyroscope | | | | x | x | x | x | x | | | | | | | | | | | | |
| Automatisation | | | | | | x | x | x | x | x | x | x | | | | | | x | x | |
| Validation | | | | | | | | | | | x | | | | | | | | | |
| Démonstrateur | | | | | | | | x | | x | x | x | x | x | | | x | | | |
| Rédaction  TFE | | | | | | | | | x | | | x | | x | x | x | | | | |
| Sécurité, choix des matériaux | | | | x | | | | | x | | | | x | | | x | | x | | |
| Validation et First entreprise | | | | | | | | | | | | | | | | x | x | | | |
| Motorisation et énergie | | | | | | | | | | | | | | | | | x | | | |
| Choix capteur, commande à distance | | | | | | | | | | | | | | | | | x | | | |
| Plans | | | | | | | | | | | | | | | | | | x | x | |
| Etude économique | | | | | | x | | | | x | | | | | | x | | x | | x |
| Validation | | | | | | | | | | | | | | | | | | x | x | |
| Industrialisation | | | | | | | | | | | | | | | | | | | x | x |
| Prototype | | | | | | | | | | | | | | | | | | | | x |

# Gantt Chart modifié

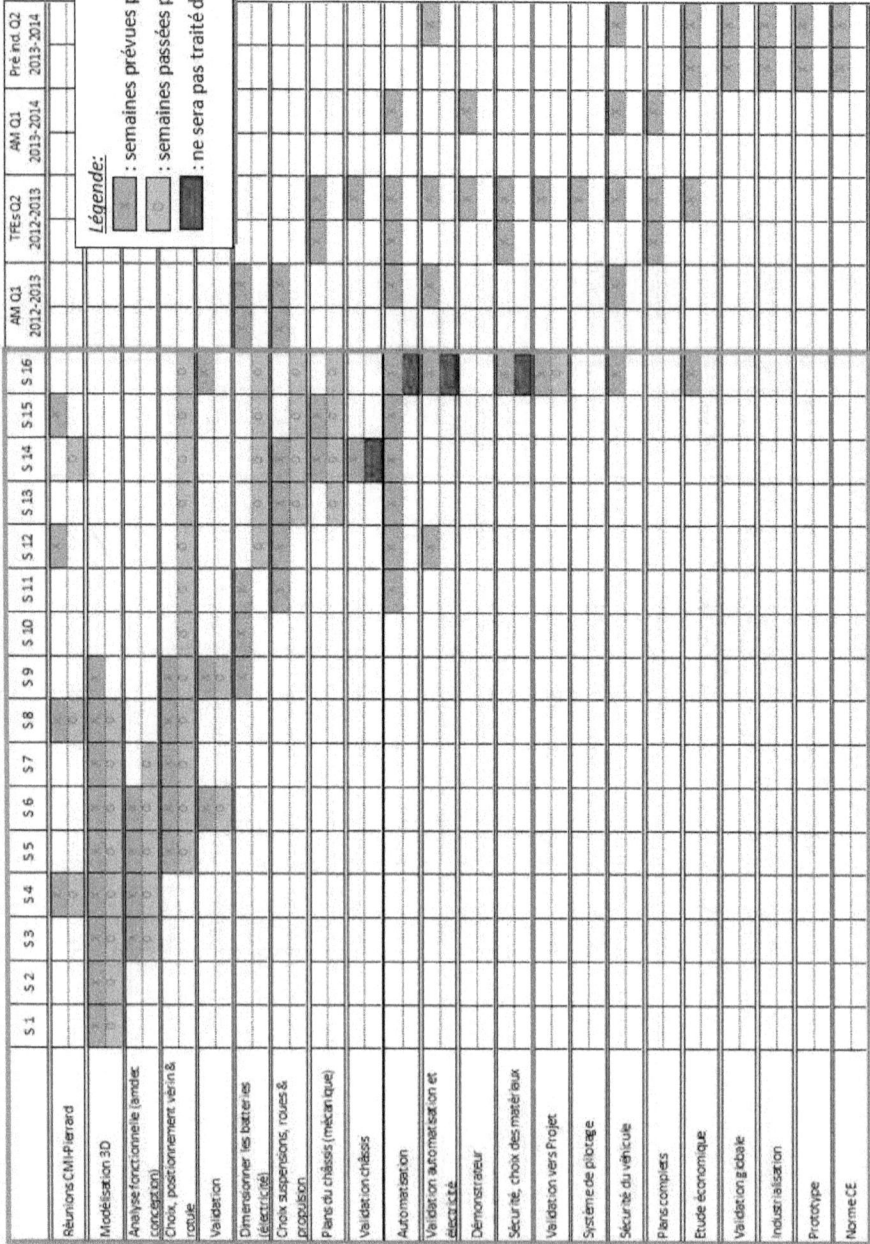

| | S1 | S2 | S3 | S4 | S5 | S6 | S7 | S8 | S9 | S10 | S11 | S12 | S13 | S14 | S15 | S16 | AM Q1 2012-2013 | TFEs Q2 2012-2013 | AM Q1 2013-2014 | Pré ind. Q2 2013-2014 |
|---|---|---|---|---|---|---|---|---|---|---|---|---|---|---|---|---|---|---|---|---|
| Réunions CMI-Pierrard | | | | | | | | | | | | | | | | | | | | |
| Modélisation 3D | | | | | | | | | | | | | | | | | | | | |
| Analyse fonctionnelle (amdec conception) | | | | | | | | | | | | | | | | | | | | |
| Choix, positionnement vérin & roue | | | | | | | | | | | | | | | | | | | | |
| Validation | | | | | | | | | | | | | | | | | | | | |
| Dimensionner les batteries (électricité) | | | | | | | | | | | | | | | | | | | | |
| Choix suspensions, roues & propulsion | | | | | | | | | | | | | | | | | | | | |
| Plans du châssis (mécanique) | | | | | | | | | | | | | | | | | | | | |
| Validation châssis | | | | | | | | | | | | | | | | | | | | |
| Automatisation | | | | | | | | | | | | | | | | | | | | |
| Validation automatisation et électricité | | | | | | | | | | | | | | | | | | | | |
| Démonstrateur | | | | | | | | | | | | | | | | | | | | |
| Sécurité, choix des matériaux | | | | | | | | | | | | | | | | | | | | |
| Validation vers Projet | | | | | | | | | | | | | | | | | | | | |
| Système de pilotage | | | | | | | | | | | | | | | | | | | | |
| Sécurité du véhicule | | | | | | | | | | | | | | | | | | | | |
| Plans complets | | | | | | | | | | | | | | | | | | | | |
| Etude économique | | | | | | | | | | | | | | | | | | | | |
| Validation globale | | | | | | | | | | | | | | | | | | | | |
| Industrialisation | | | | | | | | | | | | | | | | | | | | |
| Prototype | | | | | | | | | | | | | | | | | | | | |
| Norme CE | | | | | | | | | | | | | | | | | | | | |

Légende:

- : semaines prévues pour l'étape
- : semaines passées pour l'étape
- : ne sera pas traité durant le travail

## 16.1 Travail

La difficulté de ce projet réside dans le fait que c'est un travail de recherche, on ne se sait donc pas prévoir le temps que vont prendre les différentes étapes ni où elles vont nous mener. La gestion du temps est particulièrement compliquée, il a fallu modifier le planning en fonction des résultats trouvés.

En ce qui concerne les résultats, la modélisation mathématique a été menée jusqu'au bout, ainsi que l'analyse fonctionnelle. Un système de stabilisation du plateau a été développé et des vérins ont été sélectionnés après prise de contact avec différents fabricants. L'étude du système de suspension du véhicule et la recherche de batteries ont été bien avancés.

Cependant, l'analyse économique montre que le budget initialement prévu sera largement dépassé, principalement en raison de l'approvisionnement en énergie du véhicule.

## 16.2 Personnel

Ce travail fut pour moi une première véritable expérience dans le milieu industriel.

L'intégration dans l'entreprise fut compliquée au début, car le sujet de mon travail étant externe à CMI EMI, je n'avais pas réellement de contacts avec les membres du personnel. De plus, j'ai passé beaucoup de temps à Pierrard, notamment pour la modélisation mathématique et l'analyse fonctionnelle, deux étapes fort "théoriques" mais vitales.

Une fois ces deux étapes terminées, j'ai abordé une partie plus "industrielle" du projet et j'ai pu passer plus de temps à l'entreprise et en compagnie des membres du personnel. J'ai pris l'initiative d'organiser des réunions-brainstorming sur base régulière, il y a aussi eu des réunions plus informelles soit dans le bureau, ou plus simplement lors des pauses café ou temps de midi.

Je pense avoir su finalement trouver ma place et m'être bien intégré auprès du personnel de l'entreprise.

# 17. Sources

Modélisation et programme

- Cours dispensés par Pierre Duysinx, ULg
- Notes de cours d'automatique temps réel, LECOINTRE Julien, 2011-2012
- Thèse de SAURET Christophe, Cinétique et énergétique de la propulsion en fauteuil roulant manuel
- Thèse de SAMMIER Damien, Sue la modélisation et la commande de suspension de véhicules automobiles
- http://www.mathworks.nl/
- Rapport d'atelier multidisciplinaire, 2011-2012, Boulard Romain, Hubert Benjamin, Van Droogenbroek Maxime, Wilmet Benoit
- Rapport d'atelier multidisciplinaire, 2010-2011, Boëls Mathieu, Depiesse Jérôme, Deville Vincent, Renkin Michaël

Analyse fonctionnelle

- Techniques de l'ingénieur : AMDE(C)
- Les outils de résolution de problème et de travail en groupe des groupes qualité 28/02/12
- http://fr.wikipedia.org/wiki/Analyse_fonctionnelle_(conception)

St jacques

- http://www.gr-infos.com/st-jacques-de-compostelle.htm
- http://fr.wikipedia.org/wiki/P%C3%A8lerinage_de_Saint-Jacques-de-Compostelle
- http://www.namur-stjacques.eu
- http://www.lespapidjacs.com

Batteries :

- EDUCAM : "Travailler en toute sécurité sur les véhicules électriques"
- http://www.avem.fr/index.php?page=batterie&cat=technos
- http://www.greenunivers.com/2009/04/comparatif-technologies-batteries-5044/

- http://www.electricitystorage.org/technology/storage_technologies/technology_comparison
- http://www.symbiocars.com/symbiocars/JO/index.php?option=com_content&view=article&id=9:bref-comparatif-des-technologies-de-batteries&catid=3:batteries&Itemid=14
- http://www.ecolo.org/documents/documents_in_french/Voiture-elect.htm

# Annexes

# A. Véhicules actuels

Il existe de nombreux types de Fauteuils Tout Terrain (FTT) pour Personnes à Mobilité Réduite (PMR). On peut les répertorier en deux grandes catégories : les berlines et les transporteurs.

## Les berlines

Le FTT est un fauteuil différent que celui utilisé par la PMR dans sa vie de tous les jours. Plusieurs modèles existent en fonction de l'usage.

### *Modèles rando-sport*

Il s'agit d'un FTT spécialisé dans la randonnée sportive, typiquement sur des pistes spécialement aménagées (voir p.ex. ftt.free.fr). La PMR a besoin d'assistance pour la remontée, mais devient indépendante pour la descente. Quelques exemplaires à trois ou quatre roues :

Figure 17.1 : Le CTT

Figure 17.2 : Le Cougar

Figure 17.3 : Le Cobra

Figure 17.4 : Le Obiou

Figure 17.5 : Le Dahu

Figure 17.6 : Le Boma

## Modèles passe-partout

Il s'agit d'un FTT spécialisé dans le passage en terrain très difficile éventuellement encombré d'obstacles divers. Quelques exemplaires à une ou quatre roues :

Figure 17.7 : La Joëlette classique

Figure 17.8 : La Joëlette avec pédalier

Figure 17.9 : La Joëlette avec âne

Figure 17.10 : The Londeez Beach Wheelchair

Figure 17.11 : The Colours Tremor Wheelchair

Figure 17.12 : The Tank Chair

## Les transporteurs

Le FTT est un fauteuil qui permet à la PMR de rester dans le fauteuil qu'elle utilise dans sa vie de tous les jours. Plusieurs modèles existent en fonction de l'usage.

### Modèles avec kit de traction/propulsion

Quelques exemplaires avec une roue supplémentaire :

Figure 17.13 : Le Speedy Bike

Figure 17.14 : Le Speedy Elektra

Figure 17.15 : Le Speedy Duo

Figure 17.16 : Le Rollfiets

Modèles embarqués : Deux exemplaires à trois ou quatre roues :

Figure 17.17 : Le Pendel

Figure 17.18 : La Quovis

Pour être complet, il existe aussi des modèles semi-transporteur qui sont en fait des berlines mais qui permettent à la PMR d'emporter son véhicule de tous les jours avec elle.

Figure 17.19 : Le Reflex Handiquad

Le Reflex Handiquad (voir illustration) permet à la PMR de monter aisément sur le quad à partir de son fauteuil roulant (et vice-versa) et d'emporter celui-ci sur une petite plate-forme.

## B. Poster des ateliers multidisciplinaires

### B.1 Poster 2010 – 2011

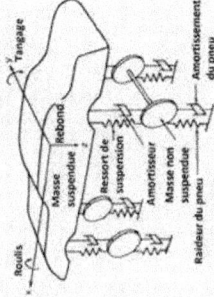
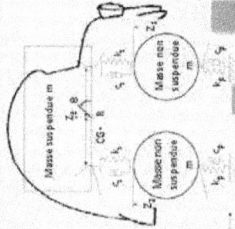

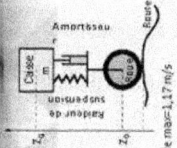
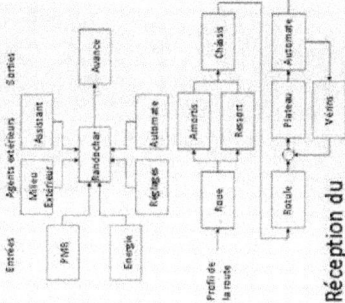

# C. Poids et encombrement des chaises roulantes

Tableau comparatif des poids et encombrement des fauteuils roulants

| Fauteuil | Poids fauteuil | Poids max supporté | Total | largeur | longueur | hauteur |
|---|---|---|---|---|---|---|
| Fauteuil roulant à pousser ALU LITE | 11 kg | 100 kg | 111 kg | 540 mm | 1030 mm | 945 mm |
| fauteuil roulant à pousser STAN | 10,5 kg | 115 kg | 125,5 kg | 650 mm | 620 mm | 850 mm |
| Fauteuil roulant manuel S-Ergo 125 | 14,2 kg | 115 kg | 129,2 kg | 690 mm | 1020 mm | 980 mm |
| Fauteuil roulant Atlas lite - Dossier Fixe | 16 kg | 120 kg | 136 kg | 640 mm | 1040 mm | 930 mm |
| Fauteuil roulant à pousser 708 Delight | 16,5 kg | 120 kg | 136,5 kg | 670 mm | 920 mm | 920 mm |
| Fauteuil roulant manuel SPIN X | 13 kg | 125 kg | 138 kg | 620 mm | 800 mm | 760 mm |
| Fauteuil roulant Action3 Nouvelle Génération | 13,8 kg | 125 kg | 138,8 kg | 670 mm | 1000 mm | 1020 mm |
| Fauteuil roulant Action2 Nouvelle Génération | 15 kg | 125 kg | 140 kg | 615 mm | 1060 mm | 935 mm |
| fauteuil roulant manuel S-ECO 2 | 18,5 kg | 125 kg | 143,5 kg | 670 mm | 1070 mm | 900 mm |
| Fauteuil roulant Global | 19,8 kg | 140 kg | 159,8 kg | 600 mm | 1065 mm | 930 mm |
| Moyenne | 14,83 kg | 121 kg | 135,83 kg | 637 mm | 963 mm | 917 mm |
| Maximum | 19,8 kg | 140 kg | 159,8 kg | 690 mm | 1070 mm | 1020mm |

Source : http://equipmedical.com/c-fauteuil-roulant-c17.html